LA AVENTURA DE LA CIENCIA

Dentro y fuera de tu mente

¿DÓNDE ...S?

Colección dirigida por Carlo Frabetti

Título original: *In and Out of Your Mind* (selección páginas: I-XXV, 75-144 y 188)
Publicado en inglés por Bick Publishing House, Madison, USA

Traducción de Joan Carles Guix

Revisión técnica: Carlo Frabetti

Diseño de cubierta: Valerio Viano

Ilustración de cubierta: Horacio Elena

Ilustraciones del interior: Carol Nicklaus

Distribución exclusiva:
Ediciones Paidós Ibérica, S.A.
Mariano Cubí 92 - 08021 Barcelona - España
Editorial Paidós, S.A.I.C.F.
Defensa 599 - 1065 Buenos Aires - Argentina
Editorial Paidós Mexicana, S.A.
Rubén Darío 118, col. Moderna - 03510 México D.F. - México

ISBN: 84-9754-116-2
Depósito legal: B-423-2004

Impreso en Hurope, S.L.
Lima, 3 bis - 08030 Barcelona

Impreso en España - *Printed in Spain*

Dedicatoria

Para Raymond Fisher,
filósofo, profesor y amigo
sin el cual nada habría sido posible

Agradecimientos

A Kishore Khairnar, máster en Física, amigo, filósofo y físico de primera línea, sin cuya sabiduría y reflexiones editoriales no hubiese podido escribir este libro.

A Nancy Teasdale, licenciada en Física, cuya mente científica y amistad me han alimentado personalmente y también este manuscrito.

A Will Corbin (17 años), Eric Fox (16 años), Alyssa Fox (16 años) y Andrea Rivera (17 años), cuatro editores adolescentes sin cuya ayuda constructiva este libro hubiese tenido demasiados problemas para llegar a buen puerto.

A Hannah Carlson, quien después de varias décadas en las mismas excelentes escuelas que yo, se «graduó» en entusiasta de la física y la química como yo, y aprendió, conmigo, lo suficiente para leer y releer el manuscrito de este libro.

A Ann Maurer, por sus años de paciente dirección editorial, devoción y apoyo.

A todos los científicos y escritores sobre ciencia que nos han educado y que nos han convertido, al menos, en seres lo bastante alfabetizados científicamente como para participar en decisiones necesarias para nosotros mismos y para el planeta.

ÍNDICE

Nota del editor

El presente libro constituye el primer volumen de una trilogía que lleva por título colectivo *Dentro y fuera de tu mente* y que aborda, a la luz de los últimos descubrimientos científicos, las grandes preguntas que la humanidad se ha venido haciendo a lo largo de la historia. Dichas preguntas quedan reflejadas en los tres títulos que componen la trilogía: *¿De dónde venimos?*, *¿Dónde estamos?* y *¿Adónde vamos?*, títulos que, si bien pueden leerse independientemente, son complementarios en su contenido.

Prólogo

«Quiero saber cómo creó Dios este mundo. No me interesa este o aquel fenómeno, el espectro de este o aquel elemento. Quiero conocer Sus pensamientos. Lo demás son detalles», dijo Albert Einstein, quien sentó la base de dos teorías fundamentales del siglo XX: la teoría general de la relatividad y la teoría cuántica.

Con todo, el extraordinario físico, al igual que su sucesor, el físico teórico Stephen Hawking, buscaba no sólo el santo grial de la ciencia, la Teoría de Todo, sino lo que Hawking llama «la mente de Dios».

Los científicos, al igual que el resto de nosotros, desean saber cómo se creó este mundo y si existe algo llamado Dios detrás de la creación. La interesante pregunta es: ¿cómo descubrirlo? ¿A través del espíritu científico? ¿A través del espíritu religioso? ¿O acaso son una misma cosa?

La ciencia tal como se enseña hoy en día se suele basar en un enfoque fragmentado: física, química, biología, matemáticas, etc. Esta división de la información es necesaria para estudiar detalles, pero sin captar la visión global de la ciencia, el estudio de los detalles se convierte en una actividad bastante superficial. La ciencia, en tal caso, se transforma en algo que debe ser estudiado única y exclusivamente en el laboratorio y parece estar muy alejada de nuestra vida diaria. ¿Contiene algo más grande la ciencia, algo que como seres humanos pudiera interesar a todos y cada uno de nosotros? ¿Contiene las respuestas a aquellas profundas preguntas que los humanos se han formulado desde siempre? ¿Cómo se creó el universo? ¿Quiénes somos? ¿De dónde venimos? ¿Existe Dios?

Recientemente hemos utilizado la ciencia en lugar de la religión para explorar estas cuestiones. Según la ciencia, la historia de la creación se inició con el *big bang* hace alrededor de quince mil millones de años. La superexplosión dio lugar a la formación de las galaxias, estrellas y sistemas planetarios alrededor de estrellas. En el planeta Tierra, condiciones favorables contribuyeron a la creación de formas de vida que evolucionaron hasta nosotros, los seres humanos. En este libro, Dale Carlson ha desarrollado la historia de cómo hemos llegado hasta aquí, es decir, de lo que somos en términos de diversas ramas de la ciencia.

- El *big bang* que originó la formación de varios elementos y las leyes físicas que rigen el universo constituyen el estudio especializado de la ciencia llamada física.

- Los elementos así creados se combinaron para formar moléculas de diversas sustancias. El estudio de dichas sustancias y de sus propiedades se llama química.

- Varias moléculas químicas se combinaron para dar lugar a la mayoría de las estructuras orgánicas complejas. La ciencia que estudia su evolución en formas de vida se llama biología.

- Entre estas formas de vida, el ser humano ha evolucionado con la capacidad de pensar. Esta capacidad de pensar lógicamente, de racionalizar, de observar, de aprender, de transmitir el conocimiento y la cultura ha originado un mundo completamente nuevo: el mundo psicológico interior de los seres humanos. Del estudio de dicho mundo y de sus fenómenos se ocupa otra rama de la ciencia: la psicología.

Entre los objetivos de la psicología figura aportar un mayor conocimiento y comprensión de nosotros mismos, de cómo gestionar nuestra vida para sufrir menos y conseguir que los demás también sufran menos. La inseguridad y el hábito nos han animado a escuchar a maestros externos, psicoterapeutas, sacerdotes y gurús con el fin de descubrir más información sobre nosotros mismos. El gran filósofo y profesor J. Krishnamurti señala que cada uno de nosotros puede aprender de sí mismo simplemente observándose en su relación con otros seres humanos, en sus pensamientos cotidianos, sentimientos, reacciones y comportamiento. Mirarnos en el espejo de la relación interpersonal constituye un proceso de investigación continuado que combina la compasión y la libertad de la autoridad en el más puro espíritu tanto religioso como científico, y no según alguna religión establecida o teoría científica oficial. Las creencias no tienen lugar en la investigación científica o en el alivio del sufrimiento psicológico. Sólo con una consciencia sensitiva y la observación se puede aprender algo nuevo.

En la educación de la ciencia, el desarrollo del espíritu científico es mucho más importante que entretener al cerebro con los detalles de la información. El espíritu científico es el espíritu de la precisión, exactitud y eficacia, no de la idiosincrasia personal o nacional ni del sesgo introducido por alguna religión organizada. También es el espíritu de la aventura. Se siguen hechos, no individuos. No se rinde culto a la linterna, sino que se usa la luz para continuar avanzando. El desarrollo de tal espíritu debería ser el objetivo de la educación de la ciencia. Esto implica la necesidad de hacer un énfasis muy especial en las artes de la observación, experimentación y aprendizaje individuales. Y una vez desarrolladas estas artes, este mismo espíritu independiente se puede aplicar al aprendizaje tanto de la vida interior como del mundo exterior. De este modo, el espíritu de la ciencia y el espíritu de la compasión religiosa se convierten en uno, lo cual es muchísimo más relevante que el mero descubrimiento de más hechos científicos si cabe, ya que éstos sólo pueden ser utilizados con finalidades centradas en uno mismo.

No obstante, cuando el espíritu científico se aplica al aprendizaje de nosotros mismos, a nuestras relaciones, crea asimismo el verdadero espíritu religioso. En palabras de J. Krishnamurti: «Un hombre religioso es aquel que ayuda a liberar al individuo y a sí mismo de toda la crueldad y sufrimiento de la vida, lo que significa que está libre de toda creencia. No tiene autoridad, no sigue a nadie, pues es una luz en sí mismo, y dicha luz surge del autoconocimiento. Es la liberación que se produce cuando el individuo se comprende totalmente a sí mismo. El hombre religioso es creativo, pero no en el sentido de pintar cuadros o escribir poesía, sino que está presidido por la creatividad, que es eterna y atemporal».

Creo que el objetivo de la educación de la ciencia consiste en provocar este tipo de mente religiosa.

Kishore Khairnar, máster en Física

Introducción

La gente inteligente se pregunta y se ha preguntado durante miles de años: ¿de dónde venimos?, ¿adónde vamos?, ¿por qué estamos aquí?, ¿estamos solos en este vasto universo?, y ¿hay alguien allí arriba que se encargue de todo?

Lo realmente interesante es saber por qué la raza humana se formula estas preguntas en lugar de dedicarse a intentar encontrar respuestas a los misterios de la vida, la muerte y el cosmos. Esta curiosa y preguntona inteligencia nuestra constituye un misterio tan extraordinario como la vida misma. Es allí donde se funden la inteligencia y la confusión; desde Confucio hasta Sócrates, tú y yo, esta pregunta acerca de nuestra consciencia propiamente dicha continúa sin respuesta.

Parece haber un profundo abismo en las explicaciones relativas a la consciencia humana, a nuestra vida interior y a nuestra vida mental. Existen argumentos que tienden hacia la naturaleza y otros que lo hacen hacia la alimentación, entre lo fisiológico y psicológico, entre las explicaciones biológicas y culturales/medioambientales de la evolución de nuestro cerebro y nuestro comportamiento.

Científicos tales como Stephen Jay Gould hablan de la diferencia entre determinismo biológico y potencial biológico, mientras que filósofos como J. Krishnamurti hablan de la diferencia entre pensamiento, o intelecto, que es lo pasado, lo conocido, e inteligencia o capacidad humana para nuevas percepciones. Lo que está claro es que somos una especie que no sólo se comporta de una determinada manera, sino que es consciente de su propio comportamiento, que no sólo vive, sino que desea comprender el origen, el por qué y el para qué de su vida. Asimismo, queremos saber más cosas acerca de la aparente diferencia entre el ser humano y los demás animales, siempre, claro está, que exista una tal di-

ferencia. Lo que parece único para los humanos es lo que llamamos consciencia autoconsciente. Deseamos saber por qué somos conscientes y también si esa consciencia es independiente o está vinculada a una consciencia universal.

Queremos estudiar la historia natural de nuestro mundo, además de la historia humana, el origen de la vida e incluso a un nivel más profundo si cabe, lo que constituye la vida en sí misma. La física y la biología molecular indican que toda la masa es energía, que toda la energía es masa y que, a un micronivel, un quark es un quark en tus átomos, mis átomos y los átomos de una estrella. Así pues, ¿podríamos decir que un astro es una piedra viva, habida cuenta de que existe el mismo movimiento en sus átomos que los nuestros? Por la misma razón, ¿no es una gallina tan importante como yo? Gould dice que la vida es un arbusto y que la raza humana es una simple rama —no un árbol con el hombre en su gloriosa cúspide—. Estoy de acuerdo con Gould, aunque sólo sea por motivos estéticos. Mírate al espejo y verás una criatura desnuda y sin pelo exceptuando unos breves matorrales que cubren las partes vitales, incapaz de volar según los estándares de las aves, endeble en comparación con la fuerza de cualquier mamífero de tamaño decente, incapaz de nadar con libertad en las profundidades submarinas, lento al andar, impotente contra el clima, sin camuflaje, incapaz de oler o degustar las esencias del aire o incluso de destetar por completo a sus crías durante un par de décadas. Ni siquiera los números están de nuestro lado: las bacterias constituyen el 80 % de la vida en la Tierra. La única herramienta de supervivencia de que disponemos se reduce a uno o dos kilogramos de nervios y tejido entre nuestros oídos, y en el caso de que algo lo dañe, perecemos sin remedio.

Pero de eso parece tratarse precisamente, de nuestra diferencia percibida en relación a todo cuanto investigamos y a todo cuanto nos comparamos: el cerebro humano.

Llegados a este punto, surgen nuevas preguntas.

Si nuestro cerebro es tan especial, ¿por qué nos vuelve locos, nos hace sufrir tanta angustia y ansiedad, y sentirnos tan solos a pesar de ser tantos y de estar tan cerca los unos de los otros (somos seis mil millones, a menudo apretados como en una lata de conserva)? ¿Por qué no nos damos cuenta de que nuestros pensamientos interfieren con nuestra percepción de la realidad? ¿Por qué nos empeñamos en reproducirnos a nosotros mismos robóticamente, en buscar vida extraterrestre en cualquier lugar del universo o en llamar a una noche llena de estrellas con el nombre desconocido de un Dios igualmente desconocido?

Si nuestro cerebro es tan especial, ¿por qué es incapaz de solucionar sus propios problemas? ¿Por qué ni siquiera puede mirarse a sí mismo y analizar sus propios procesos con un cierto grado de claridad psicológica?

¿Por qué somos un peligro tan extraordinario para nosotros mismos? Basta una cierta experiencia en química, un razonable conocimiento de biología o incluso el suficiente entrenamiento para pilotar una aeronave y estrellarla en un emplazamiento preseleccionado, como lo hicieron los terroristas en la ciudad de Nueva York y Washington en septiembre de 2001, para que cualquiera pueda sumir el mundo en una guerra. No se necesitan misiles nucleares de alta tecnología, sino sólo un odio suicida y una inhumana falta de ética.

¿Es posible que seamos tan inteligentes como para haberlo hecho todo rematadamente mal? ¿Acaso es tan complejo el cerebro que se ha olvidado de las verdades simples y las respuestas evidentes?

El problema consiste en que vemos todo lo que podemos ver a través de estos sentidos y de este cerebro, y si tales instrumentos se desvían de algún modo, podemos perder la verdad completa, hermosa y unificada. En su libro *The Fifth Miracle*, el físico Paul Davies afirma que siguen existiendo leyes de la física por descubrir en un universo biocomprometido, que el origen de la vida se puede determinar, y sobre todo, que no estamos solos allí afuera, en la oscuridad.

Este libro se ha escrito porque ya he escrito otros muchos libros para adolescentes acerca de lo que acontece en el interior de la mente-cerebro, y ya va siendo hora de abordar también lo que sucede fuera de ella.

Asimismo, esta obra se ha escrito porque de adolescente me hubiera gustado poder disfrutar de una visión general del mundo de la ciencia y comprender cómo ésta se aplicaba a mi vida. Quería tener una comprensión básica del mundo de la ciencia que no fuera demasiado técnica y que relacionara las diferentes ciencias de modo que adquirieran un significado preciso para una persona neófita como yo en el ámbito científico. Tras haber sido una ávida lectora de literatura científica durante años, deseaba reunir esta colección de mis temas favoritos. La investigación científica afecta ahora más que nunca a nuestra vida diaria. Los nuevos conocimientos sobre los genes, por ejemplo, y el uso de nanochips en el interior del cuerpo y del cerebro tendrá la facultad de restaurar la salud y la funcionalidad. Pero al igual que una investigación tan profunda como la realizada en el corazón del átomo nos proporcionó una nueva fuente de energía, además del poder de destrucción de toda la raza humana, con la decodificación del genoma podríamos por fin descubrir la cura del cáncer (o crear una raza de monstruos). He aquí, a modo de lectura rápida, lo que algunas de las ciencias y de las mentes científicas/filosóficas más privilegiadas tienen que decir actualmente acerca de dónde hemos estado y por qué y qué hemos hecho hasta la fecha: en biología evolutiva y molecular; biogénesis y química; genómica y el debate entre naturaleza y alimentación en el cerebro y nuestro comportamiento; neurociencia, psicología e inteligencia artificial; física, metafísica y cosmología; antropología y sociología; etología y bioética.

Cuando hablo de «a modo de lectura rápida» no me refiero a un simple «volcado» de material científico, convirtiéndolo en algo meramente accesible y humanístico, sino en la presentación de la ciencia en bites humanos y a escala humana, y teniendo siempre presente los intereses de los seres humanos normales y corrientes. Con «a modo de lectura rápida» también pretendo ofrecer entretenimiento y amenidad, pues para el cerebro humano la información es objeto de uno de sus mayores apetitos y figura entre sus juguetes favoritos.

Con esta información puedes ver lo que ha puesto en tus manos la historia natural, la ciencia y la cultura de tus antepasados. Lo que hagas con ella es cosa tuya, aunque es preferible que tomes las decisiones necesarias acerca de lo que quieres en la vida, pues de lo contrario acabarás teniendo que soportar todo lo que te viene dado.

Las leyes generales de la física, la física de las partículas, la química y la cosmología han abierto sus puertas a las maravillas del universo y exploramos el espacio exterior a una velocidad considerable. En efecto, la ciencia ha sondeado reiteradamente el mundo exterior y satisfecho una buena parte de nuestras ansias de conocimiento, pero la ciencia de la mente —autoconocimiento— marcha tan retrasada respecto a aquélla que el ser humano sigue siendo un misterio para sí mismo. Aún no sabemos cómo operan la evolución biológica y cultural, y las leyes de la física y la química del universo para producir el cerebro/cuerpo físico que obra el milagro de nuestra capacidad de ser conscientes. Mientras los profundos misterios de los vínculos entre cerebro y mente, neuronas y consciencia, neurociencia moderna y psicología cognitiva permanezcan sin desvelar, continuaremos sondeando la mente con los instrumentos de la ciencia. La ciencia de la mente puede ser el impulso final del explorador, y el espacio interior, no el exterior, la última frontera.

Dale Carlson

Éstos son los dos únicos estados de la mente realmente valiosos: el verdadero espíritu religioso y la auténtica mente científica. Cualquier otra actividad es destructiva y desemboca en una gran cantidad de miseria, confusión y tristeza.

On the Religious Mind
and the Scientific Mind
J. Krishnamurti

Pero es necesario un nuevo mundo, además de una nueva cultura. La vieja está muerta, enterrada, quemada, explosionó, se evaporó. Debes crear una nueva cultura. Una nueva cultura no se puede fundamentar en la violencia, sino que depende de ti, pues la generación anterior ha construido una sociedad basada en la violencia, en la agresividad, y es esto lo que ha provocado toda la confusión, toda la miseria. Las generaciones anteriores han producido este mundo y tú tienes que cambiarlo. No puedes sentarte y decir: «Seguiré al resto de la gente y buscaré el éxito y la posición social». Si haces eso, tus hijos sufrirán.

On Violence,
On Education
J. Krishnamurti

Tu cerebro y su cuerpo

Seres humanos, adolescentes y las leyes inexorables de la naturaleza

Como es bien sabido, los seres humanos no pueden romper las leyes fundamentales del universo. Esto es algo que los adultos que tratan con adolescentes olvidan a menudo. Pero un buen adolescente nunca lo olvida.

De adolescente conocía a la perfección algunas de las leyes de la física. La tercera ley de Newton —«Toda acción provoca una reacción igual y opuesta»— constituía mi principal regla de comportamiento personal. Me decían ve y haz tal cosa, y yo, automáticamente, iba y hacía lo contrario. La primera ley de Newton —«Un objeto en reposo tenderá a permanecer en reposo...»— también la cumplía a rajatabla. A decir verdad, nunca encontré una razón para dejar el libro que estaba leyendo y fregar los cacharros, cortar el césped del jardín o quitar nieve a paladas. En mis años de adolescencia, también ejemplificaba el principio de la incertidumbre de

Heisenberg: «Podemos saber dónde está una partícula subatómica en un momento determinado o adónde se dirige, pero no podemos saber ambas cosas». Jamás pensé que fuera una buena idea proporcionar demasiada información a los adultos, desde luego nunca más de aquella con la que podía manipular convenientemente su conocimiento.

Pero probablemente era la más fundamental de las leyes de la naturaleza, la segunda ley de la termodinámica, una rama científica que vincula a la física, la química y el procesamiento de datos, la que me parecía la más razonable de todas. Dicha ley abordaba el tema de la entropía, la degradación de la materia y la energía en el universo, como un muñeco de nieve que se funde o la huella de las pisadas en la arena. Este proceso no es reversible, exceptuando en la función de rebobinado del vídeo. Un copo de nieve nunca se «desfunde», sino que simplemente se funde. «El orden claudica ante el caos», dice la segunda ley de la termodinámica. La vida sólo parece contradecirlo, afirma Paul Davies. En efecto, da la sensación de producir orden a partir del caos con cada nueva especie,

pero «por cada mutante que consigue sobrevivir, mueren otros miles». Podía comprobarlo personalmente cuando mi madre me decía que ordenara mi dormitorio, señalando a mi hermana como la encarnación de la moral y la higiene personificada. En casa, ella era el mutante superviviente, mientras que yo era el representante de la segunda ley de la termodinámica: en mí, el orden claudicaba ante el caos de principio a fin (pongo este ejemplo porque la entropía está relacionada con la dispersión del calor en la materia y no con el desorden de mi mente o mi dormitorio, aunque la idea general también se aplica: el desorden siempre prevalece).

Mi amiga Jen dice que pasó por la escuela preguntándose a qué se aplicaban la química y la física. A nada. Cuando consiguió alejarse lo suficiente de tantos y tantos detalles, dijo: «Al fin y al cabo, dada la naturaleza del universo, no es de extrañar que la naturaleza humana sea tan incierta».

Bromeo con todas estas leyes porque, si bien es cierto que algunos días las ideas, teorías y modelos de los grandes científicos acerca de la naturaleza del universo tienen algún sentido para mí, las contradicciones de la vida humana echan por la borda toda visión armoniosa.

Por otro lado, nuestro cerebro parece querer invertir el impacto de la entropía física creando orden a partir del caos en forma de comprensión.

Asimismo, el ser humano da la impresión de desperdiciar entrópicamente toda su energía en conflictos —guerras interiores y exteriores—, cuando tal energía se podría destinar perfectamente a la creación de armonía y, recurriendo a una palabra muy manida, amor para todos nosotros.

El cuerpo está relacionado con el cerebro

Disponemos de una cabeza de 3,6 kg, con 1,3 kg de cerebro, que contiene 100.000 millones de células nerviosas. Si una persona media pesa 70 kg, la cabeza representa la vigésima parte de su peso. En un humano adulto, la cabeza representa la octava parte de la altura de su cuerpo. Es pues evidente que deberíamos usarla más que la boca, que ocupa un porcentaje muchísimo más reducido de la masa corporal y sienta cátedra más a menudo.

Otra cosa que debes de haber advertido en relación con la cabeza es que está conectada al cuerpo por una estructura llamada cuello, a través de huesos, músculos, ligamentos, diversas hormonas producidas por otras tantas glándulas, sistemas circulatorio, nervioso y reproductor, una química altamente compleja y, como dirían algunos, una actitud.

Cito esta conexión porque muchas personas viven casi por completo en el interior de su cabeza, otras dentro de su cuerpo, y otras muchas, en fin, actúan como si la única relación entre ambos fuera un estrecho túnel para el paso de la sopa y los eructos.

El cerebro: el cerebro físico, consciencia, intelecto, inteligencia

El cerebro físico y el sistema nervioso

La principal tarea del cerebro consiste en mantener vivo el cuerpo. El cerebro físico es el órgano primario del sistema nervioso, el centro de control de todas las actividades voluntarias e involuntarias del cuerpo.

Un aspecto importante a tener en cuenta:
El cerebro es físico. Lo que hace es físico, y lo que hace el cerebro sano es mantener la consciencia. Existe una consciencia animal que compartimos con toda la vida. En el primate humano, descubrimos la capacidad de pensar/hablar que proporciona la capacidad de ser autoconsciente, además de crear imágenes de la realidad. La capacidad de acotar un montón de átomos y convertirlos en un león (peligroso) o un árbol (útil) es, por un lado, una herramienta de supervivencia, y por otro, una mentira.

¡Existe una gran diferencia entre el cerebro y la mente! Esencialmente, el instrumento que está situado entre nuestros oídos hace dos cosas: primera, piensa, teniendo en cuenta que el pensamiento se basa en la memoria, los condicionamientos, la «agenda» personal y genética, etc., y segunda, reflexiona sobre todo ello. Existe un intelecto (pensamiento) y una inteligencia (reflexión). El pensamiento siempre se basa en el pasado; la reflexión en el presente, nuevos ojos mirándolo todo, tanto presente como pasado, con una renovada percepción. El pensamiento es antiguo; pensar puede ser nuevo. «Sentía» o «sentí» son antiguos; los sentimientos pueden ser nuevos. El pensamiento es necesario, pues de lo contrario no seríamos capaces de hablar o recordar nuestro nombre o inventar tecnología, maquinaria o medicinas. La reflexión es necesaria para saber lo que hay que hacer con estas cosas. El pensamiento debe estar al servicio de la reflexión, no controlarla.

«Adiestrar el intelecto no da lugar a la inteligencia [...]. Mientras no se enfoca realmente cuanto hay en la vida con la inteligencia en lugar de hacerlo simplemente con el intelecto, ningún sistema en el mundo salvará al hombre del incesante esfuerzo por ganar el pan.» — J. Krishnamurti

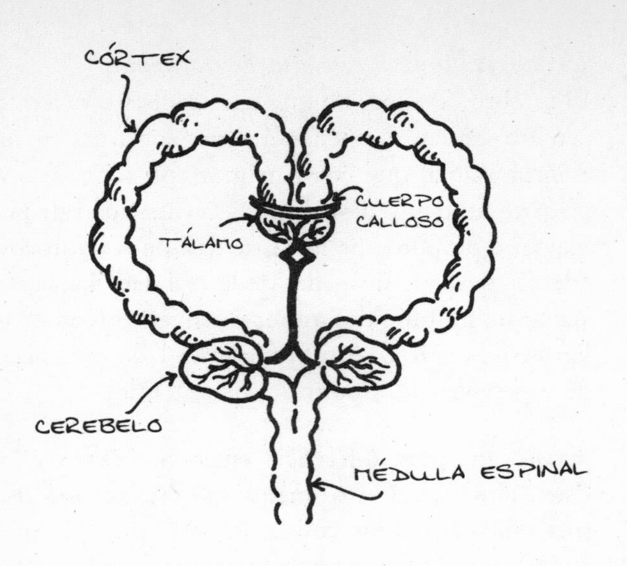
CÓRTEX
CUERPO CALLOSO
TÁLAMO
CEREBELO
MÉDULA ESPINAL

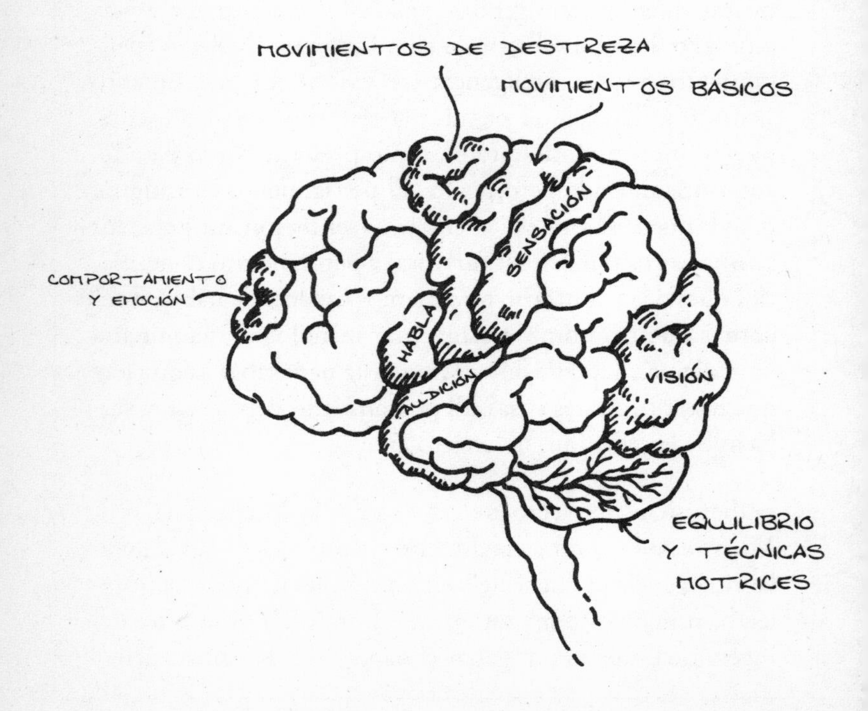
MOVIMIENTOS DE DESTREZA
MOVIMIENTOS BÁSICOS
COMPORTAMIENTO Y EMOCIÓN
SENSACIÓN
HABLA
AUDICIÓN
VISIÓN
EQUILIBRIO Y TÉCNICAS MOTRICES

Existen tres áreas visibles: el tallo cerebral controla las funciones vitales involuntarias, tales como la respiración, la digestión y los reflejos. Conecta con la médula espinal. El cerebelo coordina los movimientos del cuerpo, el equilibrio, y nos mantiene erguidos. El cerebro propiamente dicho incluye el hemisferio derecho y el hemisferio izquierdo, unidos por el cuerpo calloso. Cada área del cerebro se ocupa de un rol diferente: habla, audición, visión y reconocimiento visual, movimientos básicos y avanzados, sensación, y justo en la frente, el comportamiento y la emoción. El córtex cerebral es la superficie, es decir, el estrato exterior de los hemisferios cerebrales.

El sistema nervioso está formado por el cerebro, la médula espinal y los nervios. Es el sistema de comunicación electroquímica del cuerpo que envía señales químicas, a modo de impulsos eléctricos, desde el cerebro a todo el cuerpo.

Dicho en términos sencillos, el cerebro recibe información, la procesa, decide lo que hay que hacer y envía el mensaje correspondiente para que se realice. El cerebro recibe información de diversas formas: externamente a través de los cinco órganos sensitivos —ojos, oídos, nariz, lengua y paladar, piel—, e internamente a través de la agenda memoria-imagen-reconocimiento-genético-cultural. La agenda biológica, cultural, e incluso de género y personal, varía sólo superficialmente en nuestra especie. Como dijo la poetisa Maya Angelou: «Somos más parecidos que diferentes».

Veamos otras dos notas interesantes acerca del cerebro físico:

1. La creciente complejidad del cerebro no provoca la aniquilación de las viejas estructuras cerebrales, que se utilizan para la realización de tareas «domésticas» automá-

ticas. El nuevo presencéfalo envuelto por el neocórtex no es más que una superposición arquitectónica.

2. Parecen existir diferencias asociadas al cerebro entre hombres y mujeres. Según un artículo publicado en *U.S. News & World Report* en el año 2001, la investigación sugiere que el cerebro emocional es más primitivo en los varones. Las mujeres aprovechan un centro de procesamiento emocional adyacente a las áreas del lenguaje del cerebro, mientras que los hombres tienen que conformarse con un sistema reptiliano, más antiguo y más estrechamente relacionado con la acción.

Consciencia
Lo consciente es su contenido. El contenido de la inconsciencia es idéntico al del consciente, aunque adulterado y difícil de evocar.

Autoconsciencia o reflexión
Comprensión del contenido de la consciencia para no interferir en el propio camino o en el de cualquier otra persona.

El yo
Un producto de la imaginación, un invento del pensamiento. Al igual que la principal tarea del cerebro consiste en mantener vivo el cuerpo, la principal tarea del yo consiste en mantener viva la ilusión de que existe un «mí», un «ego», un extraordinario «yo soy». Éste es el gran truco mágico del cerebro: tener la sensación de que hay un «mí» aunque en realidad no exista.

En *Consciousness Explained*, Daniel Dennett combina la neurobiología, la psicología cognitiva, la experimentación sobre inteligencia artificial y la filosofía para intentar comprender la dualidad mente-cerebro.

«Al parecer, el problema con el cerebro consiste en que cuando lo observamos, descubrimos que no hay "nadie" en su interior. El pensador que se encarga del pensamiento o el perceptor que se encarga de la percepción no reside en ninguna parte del cerebro, y todo el cerebro considerado en su globalidad no da la impresión de ser un candidato mejor para este rol tan especial [...]. La idea de que un "yo" (o una persona, o en su caso un alma) difiere de un cerebro o un cuerpo, está profundamente arraigada en nuestras formas de hablar y, en consecuencia, en nuestras formas de pensar.»

En nuestra especie nos han criado culturalmente para pensar en nosotros mismos como algo diferente e independiente de las demás personas, y nos han enseñado a tener una identidad más profunda que simplemente un nombre con el que los padres puedan llamar a sus hijos a la hora de cenar. Constituye una verdad indiscutible el hecho de que estamos formados por una combinación especial de tics y talentos, aunque eso no influye demasiado en hacernos diferentes. Esta divergencia únicamente te hace sentir solo y te aterroriza con esta necesidad de ser extraordinario, de destacar, de tener más éxito que el hijo del vecino. Estos condicionamientos acerca de la posesión de un yo independiente —un espectro en nuestra mente— no sólo provoca soledad y temor, sino también un sinfín de crueldad competitiva. Además, nos retrasa históricamente. Dos comparaciones con nuestros antepasados primitivos ilustran el hecho de que, de alguna forma, andamos hacia atrás:

1. Cuando vivíamos en una sabana o en cavernas en el bosque y éramos cazadores-recolectores, necesitábamos mu-

cha más información que los humanos modernos acerca de lo que se podía o no comer, los venenos y otros peligros que nos acechaban allí afuera, qué plantas eran buenas medicinas, cuál era la mejor manera de conseguir el alimento y el agua, y muchísimas otras cosas para sobrevivir. Los humanos modernos no podríamos sobrevivir en aquel escenario. No sabemos lo suficiente. Los resultados de la invención del yo independiente ha desplazado esta información.

2. Según los sociólogos, nuestros antepasados dedicaban una media de tres horas al día a sus tareas de supervivencia. Por nuestra parte, al haber mezclado y confundido la supervivencia con el éxito, el ego y la imagen personal a través del dinero y el trabajo, dedicamos ocho horas al día a este tipo de actividades.

Y todo porque insistimos en intentar demostrar que nuestros mitos, leyendas y cuentos de hadas son reales. Un yo es una colección de historias biográficas que nos contamos a nosotros mismos para crearnos la ilusión de continuidad en esta vida y, posteriormente, la esperanza de inmortalidad. Lejos de existir un teatro en el cerebro, con un auditorio monopersonal que accede a la información del mundo exterior, toma decisiones, envia mensajes de aprobación o rechazo —correr, comer, hacer el amor con tal persona, luchar con tal otra—, no existe un solo punto en el cerebro por donde fluya toda la información y desde el que se envíen las órdenes.

A decir verdad, la consciencia se parece más a un proceso editorial que se produce en múltiples partes del cerebro, revisitando continuamente su información en numerosas versiones, diversos documentos de realidad observable. Según Dennett, una gran cantidad de procesos se encargan de realizar el trabajo editorial del cerebro. A menudo, la memoria, los condicionantes y la experiencia detienen el proceso de reescritura para dar paso a una imagen almacenada en el cerebro, interrumpiéndose un nuevo descubrimiento. Los grandes científicos, filósofos y religiosos, como Jesucristo, Lao Tse, Buda y Krishnamurti, pueden recurrir al conocimiento tecnológico, pero psicológicamente siguen estando despiertos; continúan aprendiendo y descubriendo, sintonizando constantemente su comportamiento y su reflexión con todo lo que acontece en cada momento, en lugar de vivir según las reglas del pasado y la información de ayer.

Diversos enfoques del término consciencia

La consciencia sigue siendo uno de los grandes misterios para los científicos.

«La consciencia nos plantea un rompecabezas tras otro —dijo el neurocientífico y psicólogo Steven Pinker—. ¿De qué modo un suceso neuronal puede hacer que acontezca la consciencia?»

Dennett cree que «la consciencia es, en gran medida, un producto de la evolución cultural que se imparte al cerebro en el adiestramiento temprano».

Stephen Jay Gould ha negado la consciencia en todos los animales no humanos.

Los únicos animales conscientes son los gorilas, orangutanes y chimpancés, y según Skinner, las palomas debidamente amaestradas.

Julian Haynes aseguraba que la consciencia es una invención reciente y que los pueblos primitivos eran inconscientes.

Thomas Huxley se preguntaba cómo es posible que

«algo tan excepcional como un estado de consciencia sea el resultado de la irritación de un tejido nervioso».

Parte del problema, naturalmente, deriva del hecho de que la gente define el término «consciencia» de diferentes maneras. Gould suele usar «inteligencia», otros lo denominan autoconocimiento, y otros, en fin, prefieren definirlo como experiencia subjetiva, una simple consciencia de los fenómenos.

En lo que casi todo el mundo parece coincidir es en que la consciencia está relacionada con ser inteligente. En efecto, ser inteligente tiene sus ventajas, pero entre las ramas de la evolución (recordemos el éxito evolutivo de las bacterias) el hecho de convertirse en inteligente sólo es una alternativa.

Tecnología informática e información: pensamiento electrónico

Los adolescentes de hoy en día piensan más deprisa que los de cualquier generación anterior. A medida que la tecnología acelera el suministro de información, el pensamiento también se acelera. Internet es la fuente de información de mayor crecimiento del mundo, lo cual crea una preocupación añadida relativa a la información. Pero en *The Social Life of Information*, publicado por Harvard Business School Press, los autores aseguran que el gran maestro y filósofo Krishnamurti estaba en lo cierto: la información es independiente del significado, y el conocimiento no está conectado directamente a la inteligencia. Al fundar escuelas en California, Inglaterra y la India, Krishnamurti insistía en la necesidad de que se educara al joven en su globalidad, en que la información y el intelecto se situaran en el contexto de su uso inteligente, de que una obsesión con la sobrecarga de información podía destruir la calidad de una mente que es incapaz de dejar de pensar y que carece de relación alguna con la naturaleza, la familia, otras personas en el resto del mundo e incluso nuestras propias respuestas sensoriales. Lo más importante es que quienes se han extraviado en la pantalla del ordenador han abandonado la capacidad de descubrir, de pensar cosas por sí mismos, y su grado de adicción a la autoridad, su dependencia de las respuestas de otras personas a determinadas preguntas es idéntico al de un robot. Autoridades de toda clase rechazan la autodependencia y el autoconocimiento. Pero como dijo Krishnamurti: «El autoconocimiento es el origen de la sabiduría; sin autoconocimiento, el aprendizaje conduce a la ignorancia, a los conflictos y al dolor».

La clave de vivir, así como también de la finalidad de uno de mis libros, *Stop the Pain: Teen Meditations*, es el júbilo de la libertad: libertad del dolor, del sufrimiento psicológico, de la soledad, de la ausencia de significado. La libertad y la inteligencia no pueden ser otorgadas de la forma en la que lo hace la información. No pueden ser transmitidas por ningún profesor, por ningún padre ni por ningún gurú o terapeuta, ni tampoco a través de una medicación. Quienes las utilicen, ya se habrán dado cuenta de que las drogas y el alcohol sólo proporcionan una ilusión muy temporal de libertad, y que el sufrimiento o la ansiedad de la que se intenta escapar sigue ahí al despertar.

Hasta cierto punto, todos los seres humanos sufren las consecuencias de una enfermedad mental provocada por nuestros métodos educativos y nuestra experiencia racial, genética, biológica, genérica, cultural y personal. Enfermamos muy especialmente a causa del encarcelamiento del yo y de su rabiosa soledad. La reflexión sobre nuestros condicionantes separadores disuelve dicha soledad. Entonces podemos ver que seis mil millones de semejantes pululan por el planeta con el mismo cerebro, la misma sensación de hambre, los mismos sentimientos de enojo, pesar, fatiga y soledad, todo ello condicionado de igual modo que pensar en «mí» en lugar de en «nosotros» nos afecta mutuamente a cada instante. Esta reflexión contribuye más que cualquier otra cosa a nuestra enfermedad colectiva fundamentada en la separación y la alienación.

Este morar en la reflexión en lugar de en la simple información constituye el verdadero significado de la meditación (del latín, «prestar atención»).

Enfermedad mental

En *Courage to Lead: Start Your Own Support Group for Mental Illnesses and Addictions*, Hannah Carlson describe así la enfermedad mental: «La enfermedad mental implica trastornos del pensamiento, la percepción, el juicio y el comportamiento. Los diagnósticos identifican los sentimientos alterados de una persona mentalmente enferma, así como los pensamientos obsesivos, irracionales y/o psicóticos, además de los comportamientos compulsivos, disruptivos, socialmente inaceptados o potencialmente peligrosos. La enfermedad mental debería considerarse como una enfermedad legítima y diagnosticarse por sus síntomas como cualquier otra enfermedad». *The American Psychiatric Association's DSM-IV (Diagnostic and Statistical Manual of Mental Disorders, Fourth Edition)* proporciona una clara descripción de los criterios de diagnóstico y las categorías para el estudio y tratamiento de las enfermedades mentales.

Algunas causas específicas de la enfermedad mental, tales como genes particulares, sustancias químicas presentes en el cerebro o influencias sociales y medioambientales, han sido objeto de amplias investigaciones y controversias. Muchos científicos, psiquiatras y psicólogos están de acuerdo en que en las causas de la enfermedad mental interviene una combinación de factores fisiológicos, neuroquímicos, psicológicos y sociales o medioambientales.

Debido a los nuevos métodos en farmacología, química, biología molecular y tecnología de la imagen utilizados para el estudio de la actividad cerebral, los investigadores han sido capaces de demostrar las conexiones químicas y biológicas, y en ocasiones las causas físicas, de la enfermedad mental. El creciente poder de estos nuevos métodos y su uso constituyeron uno de los temas principales en el Primer Informe de Salud Mental de Cirugía General de Estados Unidos en 1999.

Las sustancias químicas presentes en las células nerviosas, llamadas neurotransmisores, tales como la dopamina y la serotonina, han estado asociadas a enfermedades mentales tales como la esquizofrenia, el trastorno bipolar, el trastorno obsesivo-compulsivo, la depresión y el ADHD. Los investigadores han descubierto que cuando existe un exceso o un defecto de ciertas sustancias químicas cerebrales, los resultados se pueden evidenciar en forma de trastornos mentales.

Los niveles de neurotransmisores en el cerebro pueden estar afectados por una medicación, así como por la actividad física y la nutrición. Realizar el suficiente ejercicio y llevar una dieta alimenticia sana, junto con la ingesta de las vitaminas y minerales recomendados, es muy importante para ayudar a crear el equilibrio químico correcto.

Se ha podido determinar que al igual que otras condiciones médicas, la enfermedad mental se presenta por familias y puede ser heredada al igual que la diabetes o la presión arterial alta. Estudios de gemelos y de núcleos familiares han revelado vínculos genéticos y, en algunos casos, han identificado los genes específicos causantes. La nueva cartografía de los genes y su identificación nos proporcionará una información más detallada sobre el genoma humano y nuestros trastornos y enfermedades, e incluso es posible que al final pueda conducir a tratamientos curativos para algunos de ellos. Cabe la posibilidad de que la estructura genética de un individuo altere la regulación normal de neurotransmisores o su metabolismo, o que predisponga a miembros individuales de una familia a un desequilibrio a medida que se desarrollan y se ven expuestos a diversas influencias medioambientales.

Esta conexión del cerebro con el organismo en su conjunto y sus sistemas nos conduce al templo en el que mora el cerebro, el caballo que monta, el automóvil que conduce, es decir, el cuerpo. ¿Te has parado alguna vez frente a un espejo para contemplar realmente toda tu persona?

El cuerpo

Mira tu cuerpo.

Aunque existen algunas diferencias superficiales entre un cuerpo y otro —la evolución de una mayor cantidad de melanina en la piel para protegerla de los rayos solares, narices más achatadas para protegerlas de la arena, o más afiladas para protegerlas del aire frío, pelo de textura diversa distribuido de forma igualmente diversa, pequeñas variaciones de tamaño en el esqueleto y los músculos, tersura o dilatación de la piel dependiendo de la edad, incluso ligeras divergencias de género en los órganos reproductores, estratos de grasa y forma pélvica—, todos los cuerpos humanos son básicamente iguales, con las mismas características y sistemas fundamentales.

Partes del cuerpo

Cualquier buen libro de anatomía, fisiología o medicina —me gustan los libros generales tales como *DK Visual Dictionaries*, *Taber's Cyclopedic Medical Dictionary*— te proporcionará ilustraciones y descripciones de las partes y sistemas del cuerpo humano. En las páginas siguientes encontrarás las correspondientes a la cabeza y el cerebro, los órganos internos, los órganos reproductores y los músculos. Respecto a las glándulas repartidas por todo el cuerpo y que segregan hormonas de diversos tipos, el sistema nervioso, el sistema circulatorio, el sistema respiratorio, el sistema digestivo, el sistema urinario, la piel y el pelo, los ojos, los oídos, la nariz, la boca, los dientes y las estructuras de la garganta y el esqueleto, al igual que el desarrollo de los bebés humanos, consulta en la biblioteca de la escuela, libros de texto, librerías o Internet.

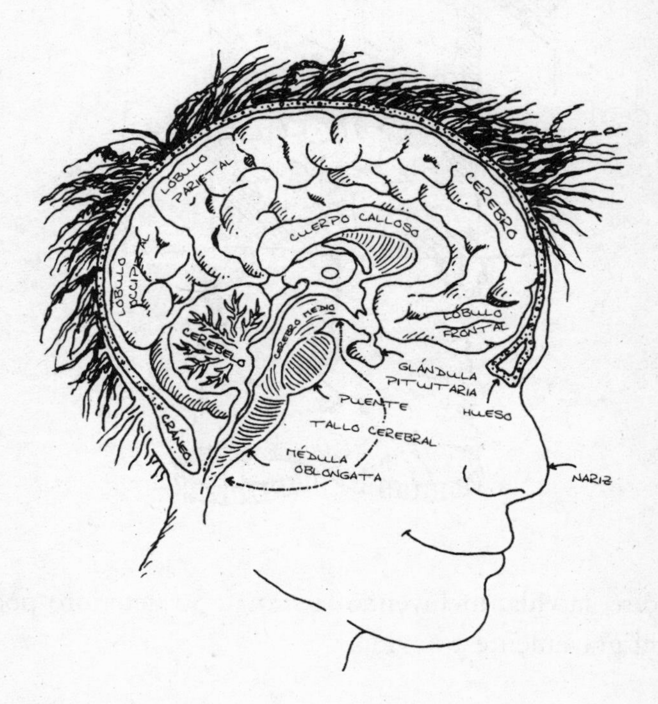

La cabeza

La cabeza está formada por los ojos, los oídos, la nariz y la boca (nutrición y comunicación). Está rodeada de pelo y piel que la protegen. En su interior se aloja el cerebro, que

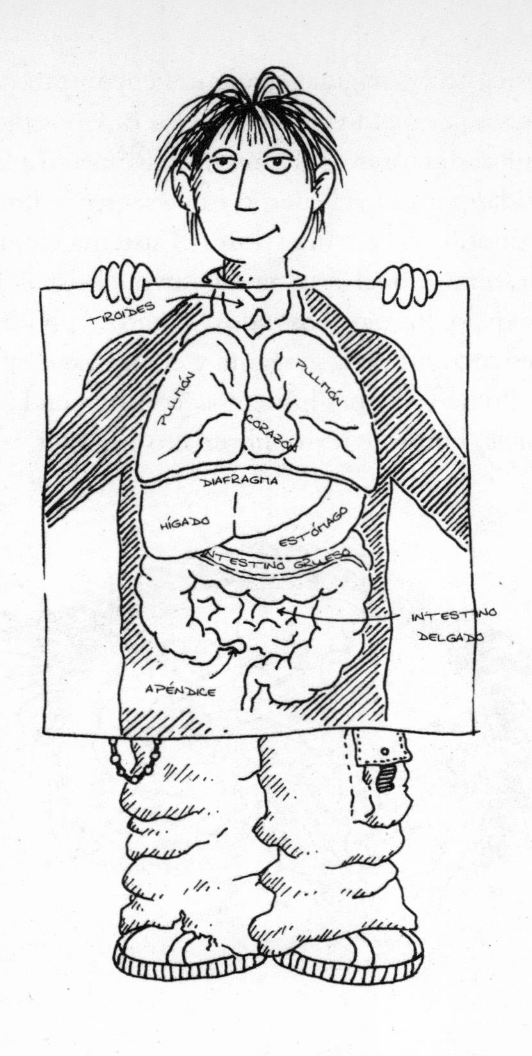

coordina la vida, incluyendo la sexual. Su deterioro podría afectar gravemente a tu vida.

Los órganos corporales

Si quitas la piel desde la garganta hasta la entrepierna, descubrirás que el torso contiene todos los órganos vitales exceptuando el cerebro. Las dos grandes cavidades están sepa-

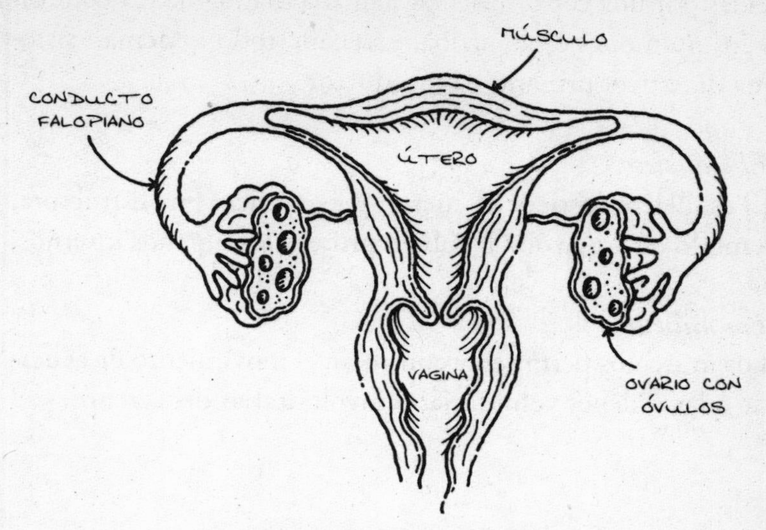

Sistema reproductor femenino

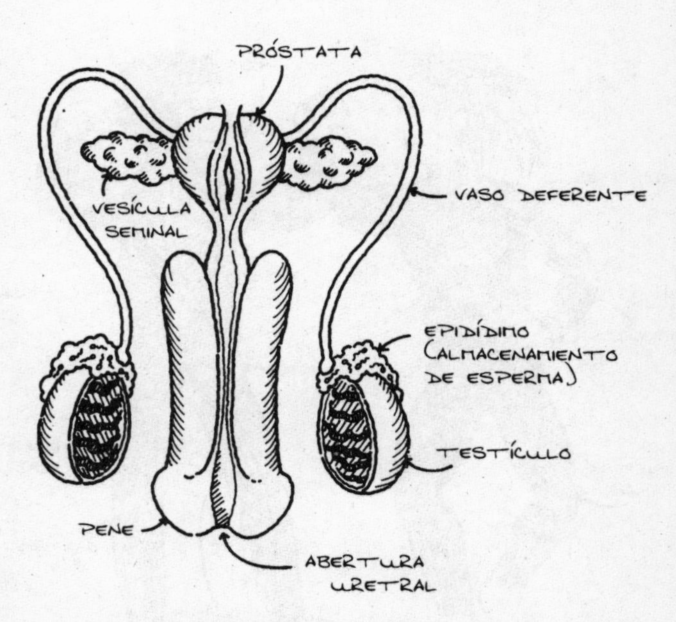

Sistema reproductor masculino

radas por una capa muscular llamada diafragma. El corazón y los pulmones están arriba, y debajo, todo lo demás: sistema digestivo, urinario y reproductor.

El esqueleto

El esqueleto sostiene el cuerpo y le confiere una estructura, a modo de armazón. También protege los órganos internos.

Los músculos

Los músculos permiten y controlan el movimiento de acuerdo a las órdenes voluntarias o involuntarias del cerebro.

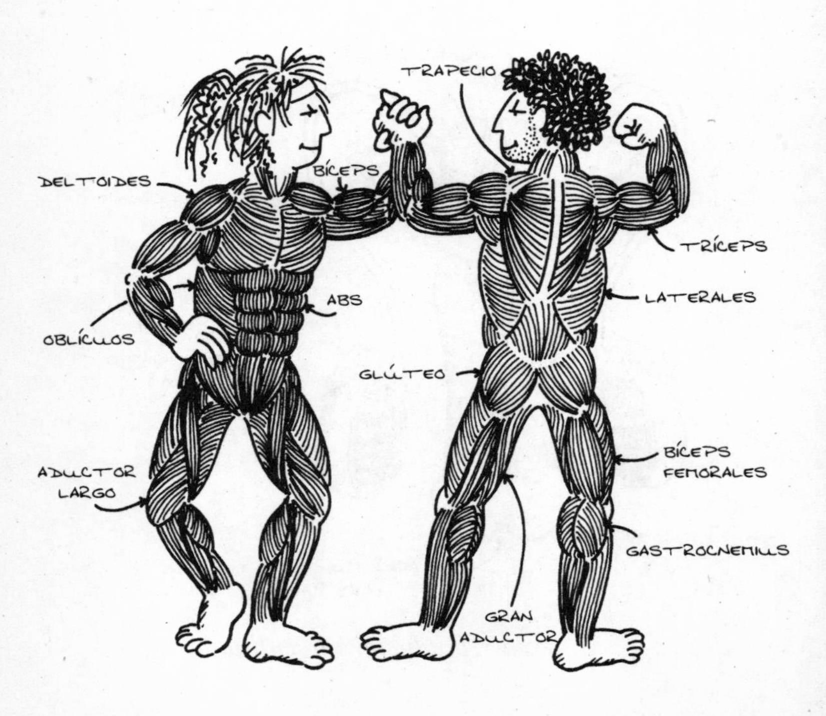

Por suerte, vivíamos en los árboles

En su obra *Los dragones del edén*, Carl Sagan destaca que debido a su tamaño, los humanos pesan demasiado en relación con la superficie en la que se apoyan. Un escarabajo que se precipite desde un árbol, seguirá arrastrándose como si tal cosa. Una ardilla que aterrice en un terreno relativamente suave puede sobrevivir a una caída desde un nido situado a treinta metros, acurrucarse debajo de mi camisa, ligeramente aturdida, esperando que le dé un poco de leche para bebés. Por el contrario, dice Sagan, los humanos se lesionan gravemente o incluso mueren como consecuencia de una gran caída. En consecuencia, nuestros antepasados que se balanceaban de rama en rama, entre los árboles, tuvieron que desarrollar una extraordinaria agilidad, visión binocular, buenas técnicas de manipulación y una asombrosa coordinación mano-ojo, además de una intuición básica acerca de las leyes fundamentales de la física, en especial la gravedad.

«La inteligencia humana es fruto principalmente de los millones de años que nuestros antepasados pasaron en la copa de los árboles», dijo Carl Sagan.

Otra conexión interesante cuerpo-mente es la glándula pituitaria, que influye en otras glándulas y en el sistema endocrino límbico. En opinión de Sagan, «Las cualidades de alteración del estado de ánimo de los desequilibrios endocrinos nos proporcionan una clave muy importante acerca de la conexión del sistema límbico con el estado mental [...]. Existen razones para creer que los inicios del comportamiento altruista residen en el sistema límbico».

El amor, sugiere, hacia los hijos y entre nosotros puede constituir una propiedad física, innata y genética de los animales basada en el sistema límbico de nuestro cuerpo, al igual que el miedo y la agresividad, basados en la adrenalina, operan desde otros sistemas.

Esto significa que poseemos una capacidad física innata para cuidarnos mutuamente. Con inteligencia y un poco de suerte podríamos comer de otra forma, pensar de otra forma y comportarnos de otra forma, en lugar de condenarnos a regresar de nuevo a las junglas y cavernas o a fosilizarnos con los dinosaurios.

Nota: mujeres pioneras y negros pioneros en la ciencia

Antes de abordar el tema de la estructura celular y genómica, éste podría ser un buen momento para llamar tu atención, en el caso de que aún no lo hayas advertido, sobre el hecho de que hasta ahora no ha aparecido el nombre de ninguna persona negra o de ninguna mujer entre los grandes científicos. Algunos dirán: «¡Ajá! Madame Curie pasó cuatro largos años extrayendo heroicamente un pellizco del elemento radio, con sus extraordinarios poderes para curar y destruir, de cuatro toneladas de pechblenda». Y podrían añadir: «Y luego estaba Rosalind Flanklin, cuyo trabajo fue esencial para James Watson y Francis Crick, quienes se llevaron todo el prestigio y también el premio Nobel por descifrar el código y revelar la estructura de doble hélice de la molécula de ADN en el núcleo de las células vivas». Pero ¿a cuántos de nosotros nos han enseñado algo en la escuela acerca de los trabajos de Ernest Everett Just sobre partenogénesis, o del extraordinario cirujano Charles Drew, cuyas brillantes investigaciones científicas acerca del plasma sanguíneo y la conservación de la sangre constituyeron la base de los bancos de sangre y la comprensión de que la transfusión de la sangre de los negros no convertía en negros a los blancos? Lo único que hacía falta, como demostró, era que el grupo sanguíneo coincidiera. «La trágica discriminación racial», como lo describe Louis Haber en su libro *Black Pioneers of Science and Invention*, contra la que todo científico negro tiene que luchar, y el ridículo menosprecio que deben afrontar las mujeres científicas sigue siendo un problema. El trabajo de muchos de ellos simplemente fue ignorado, al verse relegados a puestos de «ayudante», y aunque una buena parte de la gran ciencia se ha fundamentado en su trabajo, su nombre sólo se menciona en las notas a pie de página.

Para que florezca el genio se requiere no sólo talento, sino también educación, apoyo y oportunidades.

Todo esto nos lleva a reflexionar si somos fruto simplemente de la división de nuestras células con su ADN nucleico o si nuestra cultura también desempeña una función importante en nuestro existir. En el último capítulo del libro se aborda la cuestión de la bioética: ¿deberíamos inmiscuirnos en el ADN para producir un ser humano diferente? Y en tal caso, ¿quién debería encargarse de tomar la decisión? O ¿acaso deberíamos cambiar, transformarnos a nosotros mismos, nuestro pensamiento, comportamiento y educación de los hijos para crear una nueva cultura mundial?

Genes, sexo y errores

Son los genes los que quieren sexo

Cualquier adolescente sabe que desde siempre los científicos han intentado demostrar que el sexo es insignificante y que nada es perfecto.

La propuesta principal de la selección natural de Darwin para explicar por qué evolucionamos en lo que somos en la actualidad sigue molestando a la gente a causa de lo que cualquier persona joven sabe antes de que lo sometamos a un lavado de cerebro con la intención de explicarles la verdad de las cosas.

1. Nuestro cuerpo trabaja bastante bien, al igual que nuestro ecosistema global, pero no como consecuencia de la brillante reflexión previa o sentido de diseño de la naturaleza, sino debido a la lucha puramente egoísta entre las criaturas vivientes, desde la célula hasta el organismo completo, para sobrevivir y por ende reproducirse: el

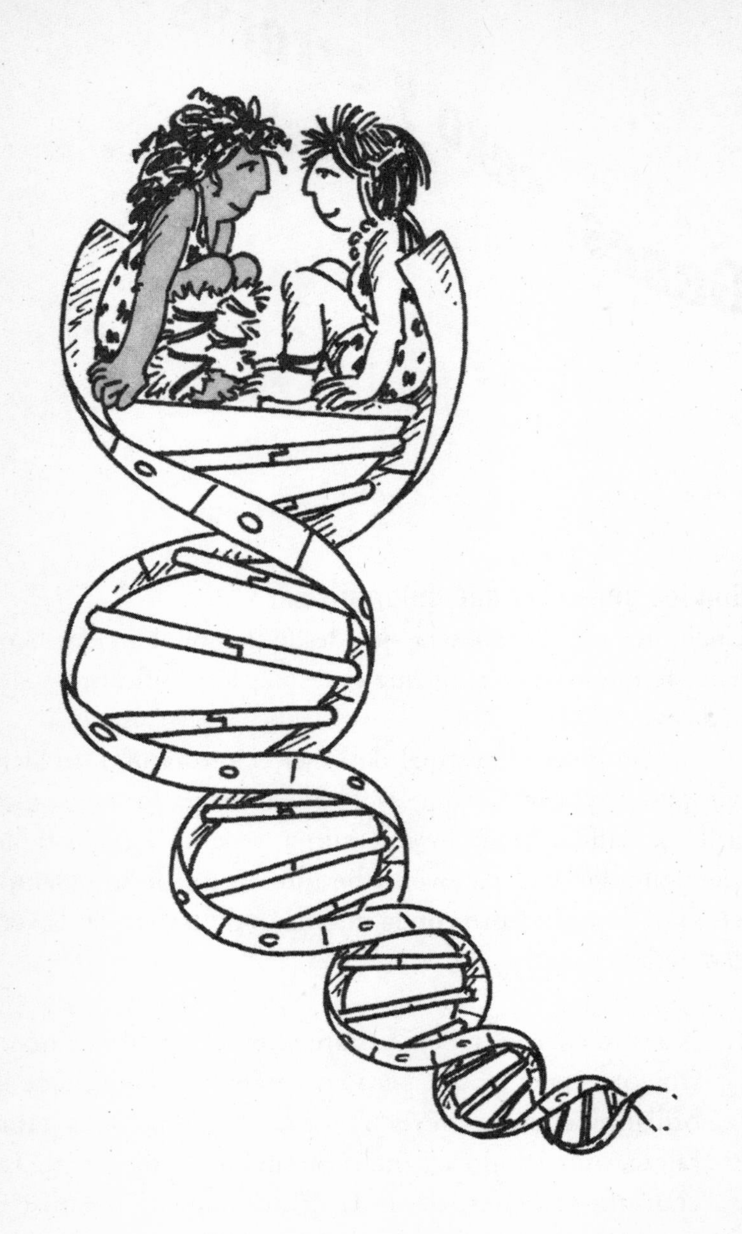

mejor diseño es el que consigue conservarse intacto en las guerras de la supervivencia.

2. Somos el resultado de errores previos (mutaciones). En efecto, comprendemos nuestra propia evolución porque aún pagamos errores de antaño o propiedades que han dejado de ser útiles (apéndices, vestigios de huesos de la cola y espaldas que duelen al erguirnos desde una posición ancestralmente cuadrúpeda). Todavía no somos perfectos.

El gen egoísta

En su libro *How the Mind Works*, el neurocientífico cognitivo Steven Pinker (Pinker y Gould, junto con Dennett y Oliver Sachs, son mis autores de ciencia favoritos porque son divertidos) dice:

«La gente no propaga egoístamente sus genes, sino que son los propios genes los que se propagan egoístamente a sí mismos. Lo hacen en la forma en que construyen nuestro cerebro [...], haciéndonos disfrutar de la vida, la salud, el sexo, los amigos y los hijos [...]. El deseo sexual no es la estrategia de la gente para propagarse, sino para obtener los placeres del sexo, y a su vez, éstos son la estrategia de los genes para propagarse. Si los genes no se propagan (mediante la abstinencia consciente o la contracepción) es porque somos más inteligentes que ellos».

La psicología evolucionista de Pinker difiere de la mayor parte del pensamiento sociobiológico convencional. Pinker relega las diferencias culturales a un segundo plano y asegura que «Una estructura universal para la mente no es sólo posible desde un punto de visto lógico, sino que probablemente sea cierta [...]. Toda la gente normal posee los mismos órganos físicos [...]. Es evidente que también disponemos de los mismos órganos mentales [...]. Las divergencias entre las personas, a pesar de toda su inagotable fascinación [...] resultan de escaso interés cuando nos preguntamos cómo funciona la mente». Para Pinker, la mente es un órgano de computación diseñado por la selección natural.

En la teoría del diseño genético de Pinker sobre el comportamiento basado en la selección natural (supervivencia del mejor adaptado), se plantean algunos puntos interesantes. Veamos si estás de acuerdo o no con ellos:

- Queremos más a nuestra familia que a los desconocidos porque compartimos más genes y dichos genes desean sobrevivir.

- El cerebro humano, nuestro ordenador personal tal y como lo describe Pinker, comprueba el ADN mutuo en busca de similitud o parentesco, pero no olisqueando como lo hacen muchas criaturas, sino a través de la información (quién se nos parece, crece con nosotros, comparte historias orales, etc.). Favorecemos el parentesco, nuestra propia clase, las unidades tribales protectoras y por extensión las naciones —una vez más porque los genes y los paquetes genéticos quieren sobrevivir—. En consecuencia, la supervivencia genética constituye el fundamento de las guerras en la sociedad humana, además del de su altruismo y cooperación.

- La psicología evolucionista está impulsada por el ADN.

- Utilizamos nuestros ordenadores neuronales para perseguir lo banal en medio de la lucha desesperada por la supervivencia (nuestros libros, cuadros, música, danza, rituales; posesiones materiales, decoración de la casa y del cuerpo; teorías religiosas, filosóficas y científicas del universo y nuestra posición en él). ¿Por qué? ¿Acaso la psicología de las artes o de la filosofía es una cuestión de estatus que se emplea para impresionar, al igual que un ciervo hace alarde de sus astas o un gorila macho de dorso plateado exhibe sus músculos? ¿Acaso nuestros intereses en el arte y la filosofía se basan en la demostración de que soy lo bastante rico para tener tiempo y activos de supervivencia no físicos? ¿Acaso el estatus social (casas más grandes, automóviles más caros, prendas de vestir, colecciones de arte, libros, entradas para conciertos, fama y títulos) demuestra la existencia de otra herramienta de supervivencia? ¿Es una forma de decir: «No me ataques, tengo más recursos que tú» o «No me ataques, tengo los recursos suficientes para compartir contigo y por lo tanto puedo serte útil en nuestra mutua supervivencia»? ¿Acaso la cultura es simplemente una supervivencia preventiva?

La pregunta más importante

En respuesta a la pregunta fundamental, es decir, por qué nuestro cerebro diseñado genéticamente, nuestra fisiología mental, carece de la capacidad computacional necesaria para resolver los mayores problemas filosóficos —aquellas cuestiones relativas a la inteligencia, sensibilidad, consciencia, y también a la libre voluntad y a si existe o no una fuente divina de creación—, Pinker señala la posibilidad de que simplemente carezcamos del equipo cognitivo para solucionarlos. «Somos organismos [...]. Nuestra mente es un órgano, no un entramado de tuberías que conducen a la verdad», dice Pinker. En su opinión, evolucionamos genéticamente a partir de nuestros antepasados resolviendo problemas de vida y muerte, y desarrollando única y exclusivamente las capacidades que sirven para resolver esos problemas. No llenamos el nicho del veloz, del musculoso, del alado o del provisto de colmillos, sino el de los «patosos» —«patosos», no ángeles proféticos.

Aquí es precisamente donde entra en escena el gran filósofo J. Krishnamurti. En *What Are You Doing with Your Life? Books on Living for Teens* asegura que existe más que maquinaria cognitiva —intelecto recolector de información— en nuestro cerebro. Compartimos con todos los organismos más elevados una consciencia de alerta biológica (factor sensorial) de nuestro entorno. Pero la consciencia humana es algo más. Somos capaces de reflexionar sobre las experiencias, sobre nuestras relaciones interpersonales y el mundo exterior. Muchos científicos están de acuerdo con Krishnamurti cuando afirma que en el cerebro humano coexisten dos capacidades. En respuesta al determinismo biológico de Pinker, Gould habla de potencial biológico, y en respuesta a ambos, Krishnamurti dice que el intelecto de la mente científica no puede recorrer todo el camino. La mente religiosa —no en el sentido de creencia organizada fundamentada en la autoridad, sino en la conexión de cada persona con el universo en su conjunto—, es decir, ese estado de inteligencia y observación no personal, dispone de la reflexión directa necesaria para acceder al último confín del universo, lo que Hawking llama «la mente de Dios».

Krishnamurti insiste en que somos algo más que simple maquinaria cognitiva, en que hemos ignorado durante demasiado tiempo la parte del cerebro que no es solamente intelecto impulsado por la información, sino que también posee una capacidad para lo eterno.

«Pero para descubrir algo que va más allá del tiempo debes tener una mente muy inmóvil, y una mente inmóvil no es una mente muerta, sino extraordinariamente activa; todo cuanto se mueve a la máxima velocidad y es activo está siempre quieto. Es sólo la mente monótona la que se preocupa, la que está ansiosa y temerosa. Este tipo de mente nunca puede estar inmóvil. Sólo una mente inmóvil es una mente religiosa», dice Krishnamurti.

Y añade: «Únicamente la mente religiosa puede descubrir o estar en ese estado de creación. Sólo ella puede traer la paz al mundo. Y la paz es tu responsabilidad, la responsabilidad de cada uno de nosotros, no del político, no del soldado, no del abogado, no del hombre de negocios, no del comunista, del socialista o de nadie. Es tu responsabilidad, cómo vives, cómo vives tu vida diaria. Si quieres paz en el mundo, debes vivir pacíficamente, sin odiar a los demás, sin ser envidioso, sin anhelar el poder, sin dejarte llevar por la competitividad. Porque de esa libertad deriva el amor, y sólo una mente capaz de amar sabrá qué significa vivir pacíficamente».

Evidentemente, la raza humana sólo puede sobrevivir en un estado de paz. No olvides que el cerebro humano posee una asombrosa capacidad de confeccionar historias acerca del universo y de nosotros mismos, y luego de creérselas, y más tarde de actuar a partir de las mismas.

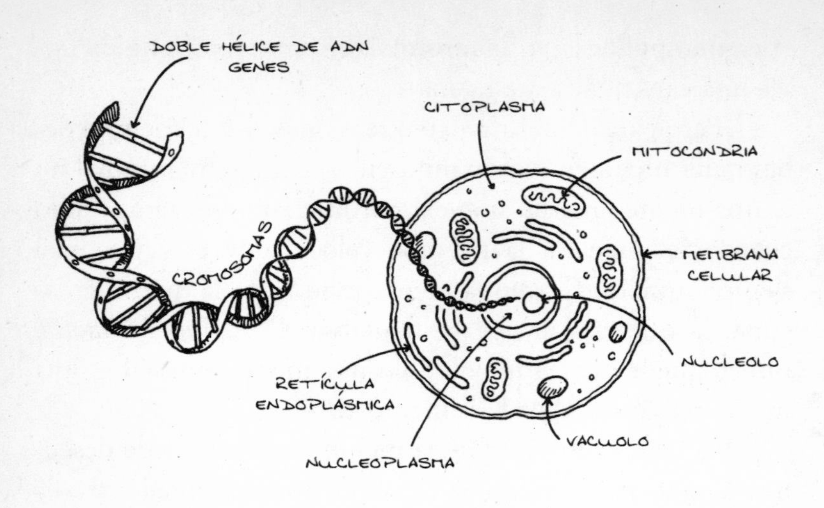

El hogar del gen/genoma/código genético/ molécula de ADN/doble hélice

Todas las cosas vivas y todas las partes de las cosas vivas constan de células, desde una bacteria unicelular hasta las plantas y los animales. La célula es la unidad estructural básica de los tejidos vivos de cualquier clase, del cerebro, del cuerpo, la sangre, los huesos, los nervios, la piel. Todos tienen diferentes tipos de células con funciones específicas, pero están destinados a cooperar en la realización de todas las tareas complejas necesarias para el mantenimiento de la vida.

Cada célula posee una membrana exterior y contiene un material fluido (citoplasma) repleto de estructuras especializadas, sobre todo el núcleo. Las mitocondrias, por ejemplo, son pequeños filamentos que constituyen la fuente de energía de la célula, sintetizando proteínas y lípidos, como cualquier biólogo molecular te dirá.

El núcleo celular: el hogar del ADN

Como es natural, la estructura más importante de la célula es el núcleo, que contiene la estructura de doble hélice de la molécula de ADN que rige la fabricación de proteínas, las cuales, a su vez, orquestan los procesos físicos del cuerpo, la información genética vital y los códigos de instrucción necesarios para el mantenimiento y la reproducción de la vida.

La molécula de ADN

Según el *U.S. News & World Report*, el objetivo del Proyecto Genoma Humano consiste en descifrar el código genético humano, determinar el orden exacto de los tres mil millones de letras químicas que componen nuestro ADN. El genoma incluye alrededor de cien mil genes, una secuencia completa que a menudo se conoce como el libro de la vida, con veintitrés «volúmenes» o pares de cromosomas. En el interior del núcleo celular, el ADN está organizado en cuarenta y seis cromosomas, veintitrés pares de estas hebras lineales que contienen nuestros genes, nuestros determinantes hereditarios, con los genes dispuestos como cuentas en un collar. La molécula de ADN consta de dos hebras entrelazadas entre sí en forma de una escalera de caracol. Las instrucciones del ADN se copian en el ARN, el cual abandona el núcleo de la célula y penetra en el citoplasma, donde se fija al ribosoma, una pequeña fábrica de proteínas. El ribosoma lee las instrucciones del ARN y conecta entre sí los aminoácidos para crear una proteína. Los veinte aminoácidos diferentes constituyen los bloques de construcción de las proteínas, que proporcionan los componentes estructurales de las células y tejidos. Recuerda que es el gen el que contiene la receta para la fabricación de una proteína, y la secuencia genética, la información enterrada en los genes, lo que la ciencia utiliza como información esencial para descubrir los orígenes del ser humano (el ADN revela que los seis mil millones de habitantes de la Tierra tienen sus antepasados en un grupo de 50.000 humanos africanos que vivieron hace 150.000 años), para resolver asesinatos, para descubrir las pistas de las enfermedades humanas y personalizar la medicina a tenor del perfil genético.

Comparación de genomas

Para quienes prefieren diferenciar en lugar de relacionar, a nivel genómico deberían sentirse dichosos de saber que, al igual que sus huellas dactilares, sus datos genéticos son únicos. A nivel de ADN, cada persona es única, con millones de cambios genéticos diferenciadores que influyen en su aspecto, las enfermedades que podría heredar y su posible comportamiento. Presta atención a los términos condicionales de los científicos: «influyen», «podría» y «posible». Se necesita algo más que una huella dactilar, genética o no, para determinar el carácter moral, el talento, la salud mental o de otro tipo, o la capacidad para descubrir el significado de la vida.

Los genes no lo son todo

Asimismo, conviene prestar atención a la edad y el desarrollo. Con frecuencia, por ejemplo, se examina y culpa a los adolescentes de un comportamiento extralimitado, de una aparente irresponsabilidad que puede proceder del enfoque de los problemas. En ocasiones se echa la culpa al entorno, y a menudo a los genes, de lo que parece ser una enfermedad mental o un comportamiento simple y llanamente «alocado» del adolescente. Pero lo que no conoce la gente es el significado de la simple fisiología del desarrollo. Diferentes regiones del cerebro del adolescente se desarrollan a distinto ritmo, y aunque las técnicas matemáticas o verbales pueden ser extraordinarias, la parte del cerebro llamada córtex prefrontal, donde se forman los juicios, no madura hasta alrededor del vigésimo cumpleaños. Por su parte, el sistema límbico, situado en el interior del cerebro, donde se generan emociones tales como el enojo, experimenta un impulso arrollador. Estas regiones se pueden observar mediante una imagen funcional de resonancia magnética, una tecnología que permite tomar fotografías de la actividad cerebral. Para que el software aprendido funcione adecuadamente hace falta un hardware maduro. Un adolescente puede disponer de técnicas excelentes, pero estar inacabado a nivel de desarrollo.

Sexo, célula, mutación, o la evolución del contenido de información en los genes y el cerebro

Los humanos transportan más información genética en su ADN que los demás mamíferos (recuerda que «más» no significa necesariamente «mejor que»), los anfibios o las bacterias. También es interesante señalar que una buena parte de la información genética puede ser repetitiva o carecer de una función determinada. Como dice Pinker: «La selección natural fomenta la inteligencia [...]. El proceso está impulsado por diferencias en los coeficientes de supervivencia y reproducción de organismos replicantes en un entorno determinado. Con el tiempo, los organismos adquieren diseños que se adaptan a la supervivencia y reproducción en dicho entorno o período; nada los impulsa en ninguna otra dirección distinta del éxito».

Uno de los recursos adicionales de los humanos es que no sólo tenemos información biológica disponible, sino también información «extrasomática» (exterior al cuerpo), como, por ejemplo, la escuela, la biblioteca o Internet. El lenguaje, al igual que el intelecto, puede ser simplemente una herramienta de supervivencia como cualquier otra.

«Las materias primas de la evolución son las mutaciones, los cambios heredables en [...] las instrucciones hereditarias de la molécula de ADN», destaca Sagan. Las mutaciones pueden estar causadas por la radiactividad en el entorno, rayos cósmicos procedentes del espacio o por pura casualidad, como consecuencia de la reestructuración espontánea de los nucleótidos que deben producirse, estadísticamente, de vez en cuando. Algunas moléculas patrullan el ADN en busca de daños y con el fin de repararlos, aunque no son eficaces en un 100 %. Nota: el proceso de mutación es azaroso y estadístico. Posteriormente, la selección natural entra en acción y otorga la supervivencia a quienes se han adaptado mejor al entorno. Una mutación accidental alargó el cuello de una jirafa, que a partir de entonces pudo acceder más fácilmente al alimento y en consecuencia fue elegida más a menudo como pareja reproductora, engendrando más crías que las jirafas de cuello corto. Lo que realmente cuenta son las mutaciones en los óvulos y en los espermatozoides, que son los agentes de la reproducción, no el esfuerzo de una determinada jirafa para adaptarse mejor. Si un rayo cósmico incide en el ojo, no afectará a los hijos, pero si ese rayo o un cambio casual en las instrucciones genéticas afectan a los óvulos o espermatozoides, también influirá en la propagación sexual de la especie.

Algunos datos genéticos

- Los grandes organismos experimentan una media del 10 % de incidencias de mutación hereditaria.
- Las mutaciones en las instrucciones genéticas que determinarán la construcción de la siguiente generación se producen accidentalmente y casi siempre son perjudiciales.
- Habitualmente, las mutaciones son recesivas y no se manifiestan de inmediato, aunque la radiactividad de las explosiones nucleares parece acelerarlas.
- Al parecer, existe un límite superior a la cantidad de información genética que puede transportar el ADN de los grandes organismos. En efecto, en la mayoría de los animales superiores ésta se aloja en el cerebro, mientras que en los humanos el lenguaje ha permitido la transferencia de información de generación en generación mediante símbolos orales y escritos.
- La cantidad de material genético en los seres vivo varía considerablemente. Los humanos tienen tres mil millones de pares básicos o letras químicas que componen el genoma, que consta de unos cien mil genes. Un ratón tiene doscientos millones de «letras» y un E. coli cinco millones, pero los genes clave, es decir, los que regulan la división celular, son notablemente similares entre las distintas especies.
- Mediante la manipulación de los genes de las criaturas más simples, los biólogos descubren nuevos aspectos de los mecanismos biológicos fundamentales.

- Comparando las secuencias genéticas de diferentes especies, aprenden más cosas del desarrollo embrionario.

- Un genoma humano —un conjunto completo de genes— contiene la suficiente información para llenar una gran biblioteca.

- Desde la perspectiva de un genoma, un organismo (tú, por ejemplo) no es sino una forma de copiar el ADN.

- La verdadera razón por la que tus genes te necesitan, en lugar de replicarse sólo a sí mismos, es porque un organismo puede evitar el fuego, buscar su alimento y hacer cosas. El ADN es inútil en sí mismo; tiene que construir un organismo completo para alimentarse, defenderse y copiarse. Como dice Davies, la vida tal y como la conocemos es el resultado de la «relación mutuamente beneficiosa entre el ADN y las proteínas», con la ayuda del ARN.

- La división celular o mitosis es el proceso a través del cual crece un organismo. El óvulo fecundado se divide en dos células hijas, que a su vez producen cuatro, ocho, dieciséis, treinta y dos, etc. En palabras de Schrodinger: «Una de mis células corporales podría ser la quincuagésima "descendiente" del óvulo que fui yo en sus orígenes». Cada una de las dos, cuatro, ocho, etc., células hijas obtienen una copia del código genético, exceptuando aquellas células reservadas a la producción, en un estadio posterior, de los gametos, óvulos y espermatozoides. Cada gameto recibe sólo la mitad de un conjunto de cromosomas, de tal modo que cuando un óvulo y un espermatozoide se encuentran, el óvulo fecundado contiene la mitad de cromosomas de la madre y la mitad del padre (meiosis).

- Una buena pregunta: ¿el origen del código genético es la clave del origen de la vida propiamente dicha? Si consigues averiguarlo, ten por seguro que te habrás hecho acreedor a «todos» los premios Nobel. Teniendo en cuenta que ya hemos superado cinco extinciones en masa en la Tierra y que es posible que no logremos sobrevivir a la sexta —la actual—, constituiría una información muy valiosa para que los humanos se la llevaran consigo allí donde fueran capaces de fundar un nuevo hogar en el universo. Si darle vueltas al asunto no parece dar resultado —hasta la fecha no lo ha dado—, intenta vislumbrar todo el universo en su conjunto y el extraordinario milagro de la creación de la vida.

Una teoría inusual

Que en la ciencia hay espacio para lo inusual lo ha demostrado la teoría evolucionista de un biólogo llamado Rupert Sheldrake. Postula la existencia de una serie de campos morfogenéticos que actúan en la forma y contenido de la vida del mismo modo que el campo de gravedad actúa sobre la masa. Sheldrake analiza dos de los principales problemas sin resolver de la ciencia: ¿cuál es la naturaleza de la vida?, ¿cómo se determinan las formas e instintos de los organismos vivos? A continuación, plantea la hipótesis de la causalidad formativa, que sugiere que la forma, desarrollo y comportamiento de los organismos vivos están conformados por la resonancia de campos modificados por la forma y el comportamiento de organismos pasados de la misma especie, a través de conexiones directas en el espacio y el tiempo. Denomina a este proceso resonancia mórfica. Según Sheldrake, aprendemos de las experiencias de nuestros predecesores. Sus experimentos muestran que las ratas del mismo tipo aprenden más deprisa cuando sus primas ya han aprendido algo en otro continente. Tales experimentos fueron llevados a cabo en la Universidad de Harvard, Edinburgo y Melbourne. Sheldrake incluso apunta la posibilidad de que la memoria no esté almacenada en el cerebro, sino que se «transmita directamente desde los estadios pasados a través de la resonancia mórfica».

Sin duda alguna es otra forma más de observar nuestro inconsciente colectivo, así como nuestro cerebro consciente colectivo casi idéntico. Y tanto si existen como no campos morfogenéticos que influyan en el desarrollo, los experimentos parecen demostrar que cuando un individuo de una especie aprende algo, los restantes lo aprenden más fácilmente. La consecuencia es asombrosa, pues significa que si uno de nosotros aprende a comportarse, a transformar la forma en la que opera y vive inteligentemente el cerebro, afectará a todos sus semejantes.

Inteligencia y consciencia

Nosotros, los robots y el cosmos

¿De dónde procede la inteligencia? ¿Está dentro o fuera del cerebro?

Continúa siendo un misterio. Nadie lo sabe a ciencia cierta. Dado que todos los cerebros humanos son susceptibles de ser inteligentes además de procesar información, con facultades esenciales de la mente que ningún robot puede duplicar, entran en funcionamiento la evolución biológica y la selección natural del circuito neuronal cerebral. Y no se trata solamente de nuestra capacidad para aprender; incluso los animales más simples aprenden. A partir de probar y fracasar, y de la observación de lo que da resultado, cuando se aprende algo se retienen los parámetros correctos, los cuales crean redes en el cerebro. La inteligencia, la capacidad de reflexión, también parece peculiar en nuestra especie (no diremos que ninguna otra especie la posee, pues no lo sabemos), pero a diferencia de otras capacidades del cerebro, tales como la visión, el oído o el pensamiento, juicio y planificación deliberados, que parecen tener su origen en los lóbulos prefrontales, no podemos encontrar ninguna parte del cerebro físico en la que parezca residir la inteligencia. La mayoría de la gente evita donar el cerebro a la ciencia antes de morir, de manera que el código completo de su microcircuito y sus funciones es probable que no se lean durante algún tiempo. Todo lo que sabemos es que cuando silenciamos durante un determinado período de tiempo un pensamiento que está basado en la memoria —el pasado—, algo nuevo puede aparecer en los espacios que quedan entre los pensamientos. La inteligencia emerge cuando nos callamos y desconectamos el intelecto. En este preciso momento podemos contemplar los hechos con nuevas percepciones. Aunque lo cierto es que nadie ha podido saber jamás de dónde procede esta capacidad.

Relación y diálogo: hagámoslo de este modo

La relación y el diálogo sólo se pueden producir entre las personas cuando están implicadas en ello al mismo tiempo, con el mismo interés y nivel de intensidad, y cuando tienen la misma capacidad. La otra propiedad que deben compartir es un vocabulario con los mismos significados, lo cual no quiere decir que cada palabra tenga que ser la cosa en sí misma; el término «amor» no representa al amor real, ni el término «adolescente» representa al adolescente real. Pero si quiero decir una cosa mediante una palabra y tú quieres decir otra diferente, seremos incapaces de comunicarnos correctamente. Y dado que como especie somos sensibles al lenguaje y propensos a la lucha, acabaremos por no prestar atención a lo que dicen los demás.

En consecuencia, sin otorgar un carácter absoluto a estos significados y con el único fin de posibilitar la comunicación mediante el uso del mismo vocabulario, propongo las siguientes definiciones de trabajo:

Inteligencia = mente, consciencia, reflexión, comprensión, percepción en el momento

Intelecto = conocimiento almacenado, procesamiento de la información, consciencia

Cognición = acto o proceso de conocer basado en los dos conceptos anteriores, conocimiento y consciencia

Así pues, cuando Pinker dice: «La evolución humana es la venganza de los "patosos"», y nos describe como criaturas que hemos llenado no el nicho numérico, como las bacterias, el nicho del tamaño, como el elefante, o el nicho de vuelo, como las aves, sino el cognitivo, está sugiriendo que los humanos han gobernado la Tierra desde que aquellos primeros simios del Mioceno se adueñaron del ecosistema con su cerebro. .

Cómo funciona el cerebro o explicación de la consciencia y el CI

«¿Cómo es posible que la irritación de un tejido nervioso provoque algo tan excepcional como un estado de consciencia?», se preguntaba Thomas Huxley.

Pues en efecto, así es.

«Tan maravillosa como las estrellas es la mente de la persona que las estudia.» —Martin Luther King, jr.

«El verdadero problema no es si las máquinas piensan, sino si lo hacen los hombres.» —B. F. Skinner.

«Para quienes no piensan, es preferible por lo menos reorganizar sus prejuicios en alguna ocasión.» —Luther Burbank.

«Un pensamiento se produce cuando los impulsos eléctricos se desplazan alrededor de la maraña de neuronas del cerebro, aunque un pensamiento es algo más que neuronas, además de algo diferente de ellas.» —Deborah M. Gordon.

«La estructura compleja de la mente [...] es un sistema de órganos de computación diseñado por la selección natural para resolver los tipos de problemas que nuestros antepasados tenían que afrontar en su estilo de vida de búsqueda continua [...] comprendiendo y manipulando objetos, animales, plantas y otras personas», afirma el famoso científico cerebral Steven Pinker, del M.I.T., en *How the Mind Works.* Para Pinker, la mente es simplemente lo que hace el cerebro para procesar información, y el pensamiento es un tipo de computación. Dice que el cerebro está organizado en módulos u órganos mentales, cada uno de los cuales dispone de un «diseño especializado que lo convierte en un experto en un campo de la interacción con el mundo». En el primate, existen treinta áreas cerebrales sólo para el sistema visual, distintas áreas especializadas en el color y la forma, otras en la ubicación de los objetos, otras en lo que son y otras en sus movimientos. Estos módulos o áreas del cerebro están diseñados por los genes a través de la selección natural en nuestra historia evolutiva para optimizar la replicación genética con el fin de que la siguiente generación tenga mayores probabilidades de supervivencia. Para Pinker, la psicología del comportamiento no es sino el diseño a la inversa.

En relación con la naturaleza de la consciencia junto con la adquisición del conocimiento, señala con franqueza que «la consciencia nos presenta un rompecabezas tras otro». Incluso se cuestiona si es buena la consciencia, y si una criatura sin consciencia podría funcionar en el mundo, ¿por qué debería verse favorecida ésta por la selección natural? Pinker define la consciencia como estar «vivo, despierto y alerta». Cree que la evolución genética dio lugar a la psicología y explica la cultura, añadiendo que la reliquia más importante de los primeros seres humanos es la mente moderna.

El desarrollo de la consciencia autorreflexiva aporta algunos resultados interesantes. Por primera vez en la evolución, un cerebro puede acceder realmente a sus propios archivos. La consciencia se podría asimilar a una especie de contraseña de entrada a nuestros ficheros informáticos. Ahora, el cerebro puede penetrar en sus propios bancos de memoria, analizar sus propias experiencias, jugar con posibles combinaciones de acciones y generar alternativas. Por primera vez, el cerebro puede formularse preguntas a sí mismo y solicitar respuestas a los problemas.

¡Sin embargo, el precio que se paga es muy elevado! La nueva capacidad del cerebro para acceder y utilizar su memoria, como dice Zoltan Torey en su libro *The Crucible of Consciousness* (Oxford University Press, 1999) bien podría desembocar en la repetición permanente de los mismos comportamientos neuróticos recordados. Cuando el cerebro no era consciente de sí mismo, simplemente vivía el presente, evaluando el entorno. Pero con todas sus nuevas capacidades, ahora es consciente del pasado, del presente, del futuro, de la muerte y la inseguridad, además de su nuevo concepto de sí mismo, todo lo cual incide en sus procesos y en nuestra conducta.

Llegados a este punto, surge un nuevo problema. En lugar de que el cerebro se limite a mirar a su alrededor y a realizar comentarios acerca del mundo que lo rodea para orientar nuestras acciones (hace calor, ponte a la sombra; el cuerpo tiene sed, bebe; los ojos ven verde, come hierba; objeto móvil para el almuerzo, persíguelo), el organismo físico humano, con sus procesos de pensamiento igualmente físicos, se confunde y cree que existe un pensador en lugar de limitarse a pensar. Como dijo Krishnamurti: «No existe ningún yo independiente del pensamiento que lo crea».

El segundo problema consiste en que toda nuestra cultura apoya a ese «pensador», puesto que, como especie, todos los cerebros funcionan de la misma forma. El cerebro de todo el mundo ha inventado un yo, de tal modo que cada uno de nosotros apoyamos el error de nuestros semejantes. Los seres humanos más brillantes no se dejaron embaucar por este mito: Jesús, Buda, Lao Tse, Krishnamurti —a estas alturas ya te habrás familiarizado con su nombre, aunque sin duda alguna hubo muchos maestros anónimos que pisaron la Tierra y así nos lo enseñaron—. Entre tales maestros hay que destacar recientemente a los científicos cerebrales, que aseguran con un considerable énfasis que independientemente de cómo lo escaneen, analicen, corten, fotografíen o verifiquen, el «yo» no reside en ninguna parte del cerebro.

Adolescentes y científicos

Los adolescentes y los científicos tienen algo en común: ambos tienen que dar un sentido al mundo y ninguno de ellos se puede permitir el lujo de obedecer a una autoridad ciega en el aprendizaje de la verdad. En casa y en la escuela, es más fácil colar una excusa y superar exámenes regurgitando lo que todo el mundo parece querer de ti. Pero la selección natural no creó nuestro cerebro para engullir información de segunda mano sin haberla verificado, sino para comprender con el fin de sobrevivir en el entorno local. El razonamiento humano otorga un sentido al mundo que nos rodea no sobre la base de alguna minúscula persona sentada en un trono en el cerebro, sino de acuerdo con el billón de sinapsis cerebrales con abundante espacio de almacenamiento para la información y categorización necesarias para que nuestro cuerpo esté lo más seguro posible durante nuestra breve estancia de dos mil millones de segundos en la Tierra.

Es interesante constatar que el cerebro ha sido seleccionado no sólo para la verdad, sino también para la aptitud. La formación de imágenes y la categorización de funciones en nuestro cerebro puede salvarnos la vida ante la presencia de plantas venenosas, leones o trenes que descarrilan, pero cuando esta misma capacidad de protección de la vida opera para discriminar psicológicamente en una situación de enojo recordado hacia alguien o de temor ante la percepción de los grupos étnicos, nacionales, de color e incluso de género, la inteligencia debe intervenir e interferir en la función cognitiva, es decir, la categorización computacional del cerebro. Dicha categorización no se puede cambiar directamente, aunque nuestro comportamiento se puede alterar con esta intervención. Y cuando el comportamiento se altera, cambia la red de circuitos del cerebro. La consciencia puede producir ética —comportamiento correcto— que nos dice cuándo debemos desconectar los categorizadores estadísticos. En consecuencia, podemos registrar una diferencia sin eliminarla.

Al igual que las máquinas pensantes, poseemos asombrosas capacidades o talentos mentales que los diseñadores informáticos intentan reproducir. Onda tras onda, hay que recibir, organizar, categorizar y simbolizar en un pensamiento un constante bombardeo de información, y eso a través de cuantificadores, roles, conceptos y variables que requieren almacenamiento y fácil recuperación. También hay que generalizar, anotar las excepciones y realizar juicios y planes —ejercicio de la voluntad— por parte de las estructuras cerebrales en las que se aloja el circuito de la toma de decisiones: los lóbulos frontales.

En cuanto se refiere a si la consciencia autoconsciente reside en el cerebro, la teoría computacional no nos ofrece conclusión alguna. Entre las preguntas más frecuentes, figuran las siguientes:

- Si pudiéramos duplicar el procesamiento de la información cerebral en un gigantesco programa informático, ¿sería consciente el ordenador que gestionara el programa?

- Si alguien pudiera descargar su red neuronal en tu cerebro, ¿tendría tu consciencia?

- Si un cirujano fuese capaz de duplicar y sustituir algunas de las neuronas por microchips, ¿seguirías siendo tú? ¿Morirías? ¿Cambiaría tu «cháchara» interior?

Las preguntas en este sentido son inagotables. Las respuestas de los científicos de prestigio varían sólo en el lenguaje: ¿quién sabe?, *qui sait?*, *who knows?*

No sabemos de dónde procede la vida o cómo se engendró.

No sabemos qué es exactamente la inteligencia, de dónde procede, dónde reside en el cerebro o por qué el tejido nervioso cerebral es la fuente de todo.

Pero parece haber una conexión en nuestra larga infancia humana que fomenta la inteligencia y disuade el mero comportamiento de imitación. La plasticidad de la adolescencia, de los años adolescentes, estimula la experimentación y la libertad de pensar y comportarse de un modo diferente al de la generación anterior, tal vez incluso de renegociar la conducta y transformar completamente el cerebro y, en consecuencia, la sociedad y la forma en la que el mundo se está deteriorando. No dejes que nadie te obligue a crecer demasiado deprisa o que recubra de cemento tu cerebro antes de tiempo. Sé inseguro. Sé incierto. Sé alterable. Sé inespecífico e inestable a tu manera tanto tiempo como puedas.

El cerebro de Hall

Stephen Hall, que escribe para el *New York Times Magazine*, donde cubre la sección de medicina y el impacto de la ciencia en nuestra cultura, llevó a cabo una sesión de estudio científico sobre el funcionamiento de su propio cerebro. Para ello, utilizó una máquina de IRM (imagen por resonancia magnética que se emplea para observar qué áreas del cerebro se usan mientras un sujeto humano realiza diferentes tareas) para sacar fotografías a todo color de las actividades de su cerebro relacionadas con la memoria y la creatividad, y donde las actividades de lenguaje, estructuración de frases y narrativa tienen sus respectivas áreas cerebrales. El doctor Joy Hirsch, del Memorial Sloan-Kettering Cancer Center, en Nueva York, diseñó y realizó los experimentos que Hall describió en su artículo «Journey to the Center of My Brain» (viaje al centro de mi cerebro). Como es natural, estuvo en contacto con Steven Pinker durante todo el proceso. Incluyo ahora una parte del relato de Hall, pues ilustra experimentalmente muchos de los factores que hemos estado comentando, especialmente que el pensamiento es una actividad física:

1. Joy Hirsch realizó cuatro escáneres destinados a esbozar un mapa cerebral de los sistemas auditivo, visual, táctil, motor y lingüístico del cerebro (esto es importante en la cirugía cerebral para que los neurocirujanos puedan evitar estos centros).

2. La máquina detecta cambios en el flujo sanguíneo, que según se cree reflejan niveles de actividad cerebral en las diversas áreas del cerebro utilizadas para la realización de una tarea.

3. El estrato superficial del cerebro, que se conoce como neocórtex, con sus vórtices y circunvoluciones, no varía como las huellas dactilares, sino que sus pautas son básicamente idénticas en todos los cerebros, y toda la acción cognitiva se produce en esos vórtices, mientras que el resto del cerebro consiste en «cable subterráneo, estructuras antiguas manipuladas por la evolución desde el cerebro reptiliano al primitivo cerebro mamífero», escribe Hall.

El lenguaje está situado en una pequeña área del córtex, en el hemisferio dominante del cerebro: el izquierdo en los diestros y el derecho en los zurdos. Cuando Hall inventaba una historia, Hirsch tomaba fotografías y de este modo podían comprobar cuáles eran las áreas implicadas en la actividad, que formaban una red —diversas áreas situadas en el córtex visual y múltiples áreas pequeñas del lóbulo frontal en el hemisferio izquierdo, sobre todo la circunvolución frontal interior, o área de narración de historias en el caso de este escritor— ampliada al tamaño de un terrón de azúcar. Esto era debido, según sugirió Hirsch, a la predisposición natural (naturaleza, genes) y al uso frecuente (nutrición, hábito de utilizar este circuito una y otra vez). El área de la narración de historias del hemisferio derecho tenía su correlato en el mismo lugar en el izquierdo, el dominante en Hall, que controlaba el habla. Cuando Hall y Hirsch revisaron los escáneres cerebrales, una tarea de memoria reveló actividad en el hipocampo, una estructura profunda del cerebro que se creía involucrada en el almacenamiento de la memoria a largo plazo.

- Cuanto más compleja era la tarea, más dispersa era la actividad del cerebro.

- Según demostró una tarea tras otra, no había ningún centro de actividad, sino sólo «estaciones a lo largo de un circuito que parpadeaban cada milisegundo [...] en una misteriosa comunión neuronal».

- Respecto a la mente —consciencia inteligente—, no encontraron evidencia física alguna. Hall se pregunta si «tal vez no es más que el calor desprendido por nuestros circuitos personalizados, en todas partes y aun así en ninguna parte».

Incluso con la IRM seguimos sin comprender el significado biológico de la «mente». Aunque Hall se pregunta si algún día la IRM podría sustituir a la terapia en la que el terapeuta utiliza olores y palabras para excitar el circuito y luego el neuroanatomólogo «traduce las imágenes en explicaciones del comportamiento».

El posible origen de la inteligencia consciente es el cosmos en sí mismo

Mi opinión personal de dónde procede la mente, la inteligencia, la reflexión y la consciencia consiste en que cada átomo, cada molécula, cada campo, cada célula, todo en el universo contiene inteligencia. Según mis propios experimentos, no se trata de encontrar inteligencia aquí, allí o en cualquier otra parte, sino que la inteligencia está en todas partes, en todo. En realidad, es un concepto muy fácil de comprender. Utilizando el cerebro a modo de receptor, cuando la cháchara del pensamiento está absolutamente en silencio, el tiempo se detiene, y con él el miedo, y el cerebro está abierto al estado atemporal de la mente. En ausencia de pensamiento, que constituye el pasado y todo el conjunto de sus experiencias anteriores, existe una reflexión renovada que es la inteligencia, la conexión de nuestros átomos con los del universo. Es un estado de verlo «todo», no el estado limitado y separado del «mí».

Otras teorías sobre el funcionamiento del cerebro

Dennett dice que no es imposible, sino sólo «diabólicamente» difícil comprender cómo funciona el cerebro. También puede resultar endemoniadamente difícil comprender a Dennett, aunque no deja de ser divertido. Director del Centro de Estudios Cognitivos de la Universidad de Tufts, su capacidad para describir la operatividad del cerebro humano es realmente extraordinaria:

- No es que no tengamos un sentido de lo que es la maquinaria cerebral, sino que el problema es mucho más una cuestión de falta de un modelo computacional de lo que hace dicha maquinaria y de cómo lo hace. Sabemos, por ejemplo, que los lóbulos frontales del córtex, tan agrandados en el *Homo sapiens*, están implicados en la planificación y secuenciación del comportamiento, que el daño a estas áreas produce síntomas tales como distracción, impulsividad, incapacidad para demorar la gratificación, etc. El área de «¿qué estoy haciendo?» ha sido localizada, pero en realidad no sabemos cómo funciona.

- Según parece, la mente consciente no puede ser sólo el cerebro o una parte del mismo, ya que no hay nada en él que pueda encarnar el ente pensante, el yo, o actuar con responsabilidad moral.

- Fundamentalmente, el cerebro es una máquina de anticipación que nos mantiene vivos en el entorno, aunque no sabemos cuál es a ciencia cierta la senda que conduce desde la consciencia hasta el comportamiento. Nuestra forma de juzgar entre diferentes alternativas, de gobernar nuestros procesos de percepción o de decidir un comportamiento, es decir, todos los fenómenos psicológicos, son considerados de un modo diverso por distintos científicos del cerebro.

- «Uno de los pasos más importantes que da un cerebro de bebé humano en el [...] proceso de autodiseño posnatal, consiste en adaptarse a las condiciones locales esenciales: se transforma (en dos o tres años) en un cerebro swahili, japonés o inglés. ¡Menudo paso...!»

- ¡Ideas! Dennett sugiere algo diferente de la mayoría de los demás científicos del cerebro al señalar que, una vez asentado el lenguaje, el cerebro humano aprendió un nuevo truco que para él es un replicador incluso más rápido que el gen: el nuevo replicador, las ideas como unidades memoriales diferenciadas y más complejas que el simple «caliente» o «violeta» a los que se refiere como unidades culturales, o *memes.* La «rueda», por ejemplo, el «calendario», «hacer el amor», el «abecedario», «viaje espacial». Entre otros ejemplos de *memes* figuran las canciones, prendas de vestir, literatura o arte, modas políticas o religiosas, ideas de cualquier tipo, incluyendo, según dice Dennett, la idea del yo. El cerebro humano ha proporcionado hábitos de comunicación que facilitan todos los tipos de medios para la transmisión de persona a persona y de generación a generación. Las ideas y la cultura, asegura, son un factor de evolución tan significativo como los genes.

Éste es uno de los ejemplos que utiliza: «Un erudito es una de las formas que utiliza una biblioteca para confeccionar otra biblioteca». ¿Quién se encarga?, quiere saber, ¿nosotros o nuestros *memes*? Los genes están transportados por vehículos genéticos, los vehículos *meméticos* son audibles y visibles, pero su bombardeo aéreo a través de la televisión, la radio, los libros y otras personas puede herirnos o perjudicarnos al igual que las bacterias y los virus invaden nuestros sistemas. Los *memes* se expanden por todo el mundo a la velocidad de la luz y se replican a un ritmo asombroso, advierte Dennett. El cerebro humano es un nido de *memes*. Cuidado con lo que crece en él.

- Los «jardines fenomenológicos» de Dennett. Los fenómenos mentales se hallan en nuestros jardines mentales: experiencias del mundo exterior, experiencias del mundo interior —fantasías, sueños de vigilia, ideas, el parloteo de nuestras voces interiores—; y experiencias emocionales que van desde el enojo y el miedo hasta la dicha ante las sensaciones corporales de hambre, sed, cosquillas, etc.

- Para comprender el cerebro humano hay que estudiar objetivamente estos fenómenos subjetivos. La interpretación del comportamiento humano debe incluir el comportamiento del cerebro. Llama a este método heterofenomenología: la tercera persona, la descripción objetiva de los sucesos mentales.

No es tan simple

Carl Sagan cree que nuestro estudio y nuestras conclusiones sobre la forma en la que funciona el cerebro humano no son tan simples. Muchos científicos están de acuerdo. Las funciones cognitivas humanas características suelen discutirse en términos de cuatro grandes regiones o lóbulos: frontal, parietal, temporal y occipital. Cada uno de ellos tiene muy diversas funciones, dice Sagan, y algunas de ellas se pueden compartir entre los distintos lóbulos. Investigaciones más recientes apuntan algunos descubrimientos sorprendentes. Las lesiones frontales no siempre afectan al juicio y la planificación. Cuando las áreas del lenguaje del cerebro sufren un trastorno a raíz de un accidente o de una intervención quirúrgica en una parte del cerebro, otra parte del mismo puede asumir las tareas correspondientes.

Como escribió Hammerstein para que cantara el rey de Siam en *El rey y yo*: «¿Cómo puedo estar seguro de lo que sé a ciencia cierta?». Es como si no pudiéramos captar lo que Pinker llama esa «gran sábana de tejido bidimensional que se ajusta a la cara interior del cráneo esférico». Desde luego que no.

Gould y la medición del CI

En *The Mismeasure of Man*, Gould liquida la biología como destino, no sólo en términos de racismo científico y genérico o de cualquier teoría hereditaria del CI, sino que también destaca el mal uso de los datos para apoyar tales opiniones.

Igualmente importante es su ridiculización de quienes clasifican a la gente según sus intelectos y talentos supuestamente heredados. Gould dice que el determinismo biológico no es sólo científicamente incorrecto, sino trágico en sus consecuencias de prejuicios, racismo, sexismo, incluso genocidio, limpieza étnica y el terrible crimen de guerra del rapto con el propósito de inseminar a las mujeres vencidas con los genes de los vencedores. Por lo demás, los deterministas biológicos tienden a culpar a la víctima de la opresión de la sociedad en lugar de eliminar la opresión propiamente dicha.

Una de mis historias favoritas sobre la verificación errónea del CI se cuenta en relación a los soldados del ejército de Estados Unidos durante la Segunda Guerra Mundial. Resultó ser que los jóvenes que se sometían al test y procedían de áreas urbanas, donde había buenos sistemas escolares, la asistencia era regular y realizaban tests con frecuencia, obtuvieron un resultado más elevado que los procedentes del entorno rural, de las granjas, donde los adolescentes tenían que dedicar más horas a las cosechas, la maquinaria agrícola y la comercialización de los productos. Al final, los psicólogos dieron con el secreto. Los tests de CI no medían cocientes de inteligencia, sino que demostraban que el ser humano obtiene mejores resultados en determinadas materias cuando ha tenido más experiencia realizando tests en relación con las mismas. No había nada de estúpido en los muchachos granjeros ni nada superior en los chicos de la urbe, quienes serían incapaces de responder correctamente a preguntas relacionadas con la maquinaria agrícola al igual que aquéllos tampoco podrían saber cuántas naranjas había a bordo del tren que llegó a New Jersey a las nueve y media. El ejército decidió asignar un Test A y un Test B dependiendo del trasfondo cultural. (Imagina por un momento no al *Homo habilis* intentando manejar un ordenador, sino cuánto tiempo serías tú capaz de sobrevivir en una caverna, cazando, recolectando y rastreando las huellas para encontrar agua y fuentes nutritivas.) Y como bien indica el test de Hall, aunque nazcas con una predisposición para cantar, danzar o escribir, si tu cultura no valora lo suficiente estas cosas como para garantizar que una madre o un padre te estimulen a practicar, practicar y practicar, tu cerebro no adquirirá una excesiva destreza.

La ciencia de Gould demuestra que es imposible explicar el comportamiento humano sin tener en cuenta la evolución cultural, no sólo la biológica. La capacidad de flexibilidad y de transmisión del aprendizaje determina el comportamiento y la inteligencia casi tanto como los genes. Por lo tanto, ventaja y educación, opresión y privación influyen en el comportamiento humano tanto como los determinantes biológicos. Nuestra especie transmite el conocimiento aprendido, positivo y negativo, de manera que la evolución es la suma de cultura y evolución genética.

Gould también advierte que la ciencia es una actividad humana y en consecuencia sociológica. Dicha ciencia no es necesariamente errónea, añade, aunque no es pura.

En nuestra vida cotidiana, al igual que en la física de las partículas, el observador influye en lo observado. Principalmente, vemos lo que somos o, por lo menos, aquello en lo que influimos.

Intelectos artificiales (no inteligencia): robots, satélites, ordenadores

Los científicos del cerebro discuten constantemente acerca de si el cerebro humano se puede replicar en un ordenador, si es posible estructurar un robot no sólo para pensar cognitivamente como un ser humano, sino también para sentir y tener una voluntad libre. Se están realizando experimentos de crecimiento de la vida en discos de Petri y los genetistas están experimentando con la clonación (uno de los principales problemas con Dolly, la oveja clonada, consiste en que su clon envejeció rápidamente hasta la edad de Dolly; no era una versión joven; así pues, no esperes recrearte a ti mismo con la esperanza de alcanzar la inmortalidad). Por otro lado, se están efectuando tests de almacenamiento criogénico o congelación del cuerpo después de la muerte con el fin de que si posteriormente se descubriera la curación de cualquier enfermedad, se pudiera revivir, retrasplantar y reiniciar el proceso vital. El doctor Frankenstein tenía antepasados y tendrá sucesores. Como especie sensible, somos tan conscientes y nos sentimos tan atemorizados ante la idea de llegar a un final, que seguimos intentando crear una forma de vida capaz de sobrevivir eternamente, como, por ejemplo, el ordenador/robot/satélite/cualquier cosa carente de carne que no muera.

Pero si bien es cierto que los ordenadores pueden computar algunas cosas más deprisa que el cerebro humano y que existen muchas similitudes en el sentido de «lo que se programa es lo que se obtiene» (aquéllos con cargas de sílice, éste con secuencias de neuronas), existen un par de diferencias además del simple hecho de que si me arrojas contra la pared, grito, y si arrojas un ordenador, no. Por lo menos, esto es lo que creemos, pero ¿cuánto sabemos?

1. Nada en la máquina se comprende a sí misma o al mundo que la rodea tal y como tú y yo lo hacemos. Por lo menos, nosotros tenemos la curiosidad de seguir intentándolo.

2. Aunque presumiblemente los robots se podrían programar para que construyeran pequeños robots, nuestra definición de vida incluye la reproducción celular.

3. No hay que olvidar la cuestión de la inteligencia creativa. Los ordenadores no parecen capaces de efectuar el autoexamen necesario para desear construir robots mejores, ya sea técnica o éticamente, en la forma en la que lo hacen los humanos, si bien es cierto que han generado múltiples soluciones a problemas específicos y posteriormente han analizado cuál es la mejor solución aplicable.

4. Los agentes, demonios, monitores y «homúnculos» de la máquina son ejecutores mecánicos discretos no inteligentes de tareas, no una diminuta copia del sistema completo que requiere la plena inteligencia del sistema en la forma en la que funciona el cerebro humano. Dicho de un modo muy simple, todo lo que deben hacer electrónicamente estos homúnculos robóticos es responder «sí» o «no» cuando se les pregunta.

5. Y lo más importante es que el ordenador sólo puede responder a partir de la memoria, de datos del pasado. La inteligencia es libre, sensible al momento —el cerebro

no responde en términos de pasado— y según Krishnamurti, permanece inmóvil, atento y alerta tanto a la información exterior como a la interior.

Sin duda alguna, a cualquiera de vosotros, que comprende mucho mejor técnicamente los ordenadores que la generación anterior, se le puede ocurrir otros muchos argumentos relevantes para establecer una diferencia entre el pensamiento de un ordenador y el pensamiento humano.

Del mismo modo que habrá satélites con transmisiones de radio que explorarán el espacio exterior y llegarán hasta donde ningún humano ha llegado o puede llegar físicamente, es probable que también pudiéramos programar ordenadores y robots que se hicieran cargo del mundo y de su funcionamiento. Pero al igual que en el problema de Mickey Mouse en *El aprendiz de brujo*, aunque los ordenadores —las escobas de Mickey Mouse— se pueden replicar a sí mismas hasta la saciedad, son incapaces, sin que los reprogramemos, de cambiarse a sí mismos de una forma significativa. La principal herramienta de supervivencia del cerebro humano, es decir, la capacidad de adaptación, es flexible, instantánea y ética, y dado que estas cualidades sólo están disponibles en el instante preciso de afrontar cualquier desafío del mundo exterior, no se pueden programar.

El camino del cambio y la transformación

La reflexión a lo largo de miles de años de condicionamientos es lo que transforma el cerebro: obsérvalo y verás a través de toda esta programación generacional.

Pero aunque la transformación completa no es posible y no podemos erradicar los temores y la violencia basada en el miedo mediante la inteligencia y la consciencia, por lo menos, cuando surge el terror y la ira, podemos cambiar nuestras respuestas, nuestro comportamiento, y este cambio alterará la estructura neuronal del cerebro.

En nuestro universo físicamente violento, la vida propiamente dicha es un triunfo. En nuestro planeta, los vencedores de las guerras por la vida a lo largo de cuatro mil millones de años zozobrarán por sexta vez —incluidos nosotros— si son incapaces de advertir este desafío.

Los animales se explotan mutuamente en la lucha por la supervivencia. Evolucionan para hacer frente a lo inesperado. Pequeñas criaturas con pelo sobrevivieron a los dinosaurios y dieron lugar a los mamíferos, incluido el ser humano.

En la actualidad, nos hallamos en medio de una extinción de especies. Después de una extinción, la evolución se pone a trabajar a toda marcha. La Tierra y la vida seguirán avanzando, con o sin nosotros. Personalmente, creo que son excelentes noticias: tendremos la oportunidad de sobrevivir sólo si nos mantenemos en armonía con los propósitos del universo.

Etología y entorno

Animales salvajes, gente extraviada

La bondad, al igual que el mal, es tan contagiosa como un resfriado

Conviene recordar que la raza humana está infestada de ángeles y demonios por un igual, no sea que caigamos en la tentación de dejarnos seducir por la idea de un comportamiento humano puramente destructivo. Y si tenemos en cuenta que la bondad, al igual que cualquier virus, es tan contagioso como el mal, debemos concluir que propagamos lo que tenemos y no una cierta idea de lo que podríamos tener.

En mi diccionario existen dos significados para el término «etología»:

1. ética humana

2. estudio científico y objetivo de los animales en su hábitat natural

Los ángeles de los animales

Si defino a un «ángel» como alguien imbuido del espíritu puro de la bondad, una flor que nace en tan contadísimas ocasiones como el puro mal, he de confesar que tengo ángeles favoritos entre quienes aman a los animales salvajes y a la gente extraviada. En la lista de ángeles de la fauna salvaje figuran personajes tales como Jane Goodall, Dian Fossey, Birute Galdikas (el doctor Richard Leakey, el gran antropólogo, envió a la jungla a sus tres «mujeres-simio» para estudiar a sus primos genéticos: los chimpancés y gorilas de montaña africanos, y los orangutanes de Borneo. La gente las llama los «Ángeles de Leakey»). George Schaller también estudió a los gorilas en libertad, y a los grandes felinos y las hienas en Tanzania, el leopardo de las nieves en el Tíbet, y lo que le hizo más célebre, el panda gigante en China. Mark y Delia Owens pasaron siete años en el Kalahari. ¿Su objetivo? El estudio y conservación de la vida salvaje de uno de los últimos entornos intactos de África. El naturalista y etólogo Konrad Lorenz era un apasionado de todas las formas de vida, aunque prefería las aves y los peces, y nunca en jaulas o peceras. Al nacer su hijo, fue al niño humano al que confinó, pero la vida salvaje siguió siendo libre.

Betsy Dresser, directora del Centro Audubon para la Investigación de Especies en Peligro, es una pionera en el uso con animales salvajes de tecnologías reproductivas tales como la fertilización in vitro, la clonación y lo que se denomina «el zoo congelado», una colección de embriones, óvulos, espermatozoides y otras células recogidas de especies en peligro y criopreservadas, es decir, una especie de Arca de Noé del siglo XXI. Supongo que ésta es una respuesta mortal a una destrucción mortal, y Dresser es una buena mujer. Pero los ángeles actuales prefieren detener la matanza y la pérdida constante de hábitat, debida, en primer lugar, a la invasión humana del hogar de los animales.

El verdadero observador y preservador de animales es un ser humano raro y consagrado al examen minucioso de especies preseleccionadas en sus entornos naturales durante años o incluso décadas. Van más allá del hambre, la pobreza, la enfermedad, los cazadores furtivos, el calor asfixiante, el frío atenazador, los músculos agarrotados, las sequías y los monzones, las termitas, los terroristas e incluso las guerras. Dian Fossey fue asesinada en su campamento por cazadores furtivos a causa de su apasionada devoción por los gorilas de la montaña Virunga; la guerra interfirió en el trabajo de Jane Goodall en Gombe, pero a pesar de todo, su trabajo continúa en África, y también dedica una buena parte de su tiempo a una campaña desesperada para detener los tests de laboratorio que se realizan con nuestros primos primates y otros monos, o por lo menos para conseguir que sus condiciones de vida sean más humanas. Hoy en día, existen organizaciones en todo el mundo, como la International Primate Protection League, encabezada por Shirley McGreal, miles de centros de vida salvaje, veterinarios y rehabilitadores de animales salvajes que salvan y tratan las heridas y enfermedades, contribuyendo y educando a los lugareños para combatir la feroz destrucción del hábitat. En la vanguardia de estas batallas se yergue una de mis heroínas, Birute Galdikas, la tercera de los Ángeles de Leakey, que ha pasado casi treinta años en las junglas de Borneo luchando, protegiendo y estudiando al orangután. Puedo dar fe de que hace falta un ángel para ser capaz de sobrevivir a su vida diaria sumergida en la selva tropical.

Estuve allí personalmente. Lo soporté cinco días.

El cielo del orangután

Estoy diplomada en rehabilitación de fauna salvaje y por lo tanto estoy acostumbrada a rescatar, alimentar, proteger, tratar, cuidar, enseñar y finalmente devolver a los animales a su entorno natural. También estoy acostumbrada a que se me orinen encima, a que se aferren a mí, a fomentar la maternidad, a que me despierten por la noche, a compartir una fruta y a preparar leche infantil de iniciación o continuación, exactamente igual que si se tratara de un bebé humano, es decir, casi sin dormir de sol a sol. Pero todo esto no es nada comparado con el inmenso júbilo de rescatar y devolver a su estado de libertad a un cachorro sin madre o a adultos que presentaban alguna herida o tenían alguna enfermedad. No obstante, el año que llevé a mi compañera e hija Hannah al Campamento Leakey de Galdikas, en la jungla de Borneo, aprendí que los auténticos ángeles de la vida salvaje perduraban a lo largo de los años y las décadas. Acunar y alimentar a pequeños orangutanes era una bendición; que se orinaran y defecaran encima, algo esperado; llevarlos de un lado a otro, dejar que te robaran la comida de la boca y que juguetearan con la ropa tendida, el cuidado constante, las escasas horas de sueño, etc., eran incomodidades soportables. Pero las calurosas caminatas a través de la selva tropical para recoger datos, los troncos en los que sentarse, exhausta, repletos de termitas, las sanguijuelas en los calcetines en cada charquito de agua y, por encima de todo, las interminables horas de paciencia necesarias para la observación de orangutanes en libertad en su hábitat natural suponían una devoción que ni siquiera podía empezar a comprender. Incluso el peligro derivado de los cazadores furtivos y los taladores de árboles palidecía comparado con este tipo de amor y dedicación a la investigación y documentación indispensables para aprender más cosas y salvar una especie entera de la extinción a manos del predador *Homo sapiens.*

Ángeles para la gente

Como es natural, existe también una lista de ángeles que salvan a personas extraviadas, menesterosas. Es el caso de «Médicos sin fronteras», que viajan a lugares de acceso prácticamente imposible, como, por ejemplo, las cumbres de los Andes, a través de ríos escasamente navegables, hasta lugares y países peligrosos donde se dispara y secuestra a la gente, para organizar cursillos de tratamiento de enfermedades y practicar la cirugía de riesgo. Hay hombres y mujeres jóvenes en el Peace Corps, jóvenes y no tan jóvenes que trabajan para Save the Children o S.O.S Aldeas Infantiles y a los que nunca se menciona en los medios de comunicación. Todo el mundo tiene sus listas de ángeles favoritos.

Entre los míos está Martin Luther King, jr., el hombre consagrado a salvar la vida y la dignidad de los afroamericanos porque era incapaz de ver a niños pequeños inexplicablemente atormentados y segregados, a hombres y mujeres linchados por la ira de un puñado de cobardes con capuchas blancas o incluso de la gente de la calle, y la cruenta injusticia diaria infligida a un colectivo entero de personas brutalmente maltratadas cuando llegaron por vez primera a Estados Unidos. Por su parte, el Dalai Lama, en el Tíbet, está consagrado a la preservación no violenta y sin odio de su pueblo contra la brutalidad. La madre Clara Hale, fundadora de la Hale House para el cuidado de centenares de bebés abandonados a las drogas y a la epidemia de sida en la ciudad de Nueva York. Krishnamurti, el que fuera proclamado como una encarnación de Buda y que renunció a la denominación y a las pretensiones mesiánicas, dedicando su vida a enseñar en todos los lugares de la Tierra que los humanos pueden liberarse de la esclavitud del yo. Y por supuesto la madre Teresa, que desde el momento en que recogió a una persona moribunda en las calles de Calcuta, dedicó su vida a los más pobres entre los pobres, a los leprosos, a los bebés abandonados y a la gente perdida del mundo, no sólo en la India. Su devoción estaba destinada no sólo a los desposeídos moribundos —no para su conversión, sino para proporcionarles dignidad y amor en lugar de miseria y soledad en sus últimas horas—, sino a cualquiera que se hallara extraviado en la soledad, lo que ella misma denominaba lepra occidental, que en muchos aspectos resultaba más devastadora que la pobreza en Calcuta.

Estuve allí con la madre Teresa, la hermana Priscilla y el colectivo de ángeles llamados Misioneras de la Caridad. Me sentía impotente y culpable viendo lo que veía, durmiendo como dormía en el Grand Hotel, trabajando por las mañanas en Kalighat, en Nirmal Hriday, la Misión para los Desposeídos Moribundos, ayudando a las hermanas a distribuir los alimentos y a prestar atención médica, pero ante todo afecto y dignidad a quienes habían sido abandonados en las calles para que murieran sin ellos.

Son santos. Sólo he visitado su cielo en la Tierra. No tengo la fuerza necesaria para vivir con ellos.

Merece la pena resaltar que muchos de nuestros santos viven y trabajan de una forma extraordinariamente científica. En efecto, un verdadero santo de primera categoría actúa exactamente igual que un científico: observa un problema; examina la evidencia que tiene frente a sus ojos; y resuelve el problema a tenor de los hechos externos inmediatos, no según un prejuicio egocéntrico basado en un pensamiento pasado o una experiencia psicológica pasada. Los auténticos santos, como los científicos, observan los hechos, realizan reiterados experimentos, parecen capaces de ver lo que se requiere y simplemente lo hacen. Nunca dejará de asombrarme cuán similares con la ciencia y la religión.

Epílogo

Este libro trata sobre la ciencia. Lo único que es evidente es que las respuestas a nuestros problemas no residen en ella, ni siquiera en libros como éste, sino en nosotros mismos.

¿Qué somos?, ¿un peligroso experimento o la celebración consciente y amorosa del universo?

¿Tenemos alguna alternativa habida cuenta de nuestra construcción en el proceso de evolución?

De ser así, ¿cuál sería esta alternativa?

Estaríamos formulando la pregunta equivocada si dijéramos: «Dado que nos hallamos en la sexta extinción de la vida en nuestro planeta, ¿de qué lamentarnos?». La pregunta correcta es: «¿Cómo podemos ayudar a hacer lo que es debido independientemente del resultado?».

Una última pregunta: ¿de qué tengo que preocuparme si sólo soy una persona?

Recuerda que la respuesta correcta reside en la física y la

metafísica: todo y todos influyen en todo y todos en el universo.

Escupe y la saliva aterrizará en el ojo ajeno.

Ama, e ídem de ídem.

Otros libros de interés en Ediciones Oniro

Para más información, visite nuestra web:
www.edicionesoniro.com

EL LIBRO DE LOS PORQUÉS
Lo que siempre quisiste saber sobre el planeta Tierra
KATHY WOLLARD
Y DEBRA SOLOMON

252 páginas
Formato: 19,5 x 24,5 cm
Libros singulares

EL LIBRO DE LOS PORQUÉS 2
KATHY WOLLARD
Y DEBRA SOLOMON

208 páginas
Formato: 19,5 x 24,5 cm
Libros singulares

EL PORQUÉ DE LAS COSAS
KATHY WOLLARD
Y DEBRA SOLOMON

240 páginas
Formato: 19,5 x 24,5 cm
Libros singulares

LOS ENIGMAS DE LA NATURALEZA
Todo lo que querías saber sobre la naturaleza y nunca te atreviste a preguntar
HAMPTON SIDES

208 páginas
Formato: 19,5 x 24,5 cm
Libros singulares

¿QUÉ PASARÍA SI...?
Respuestas sorprendentes para curiosos insaciables
MARSHALL BRAIN Y EL EQUIPO HOWSTUFFWORKS

192 páginas
Formato: 19,5 x 24,5 cm
Libros singulares

TODO LO QUE HAY QUE SABER SOBRE EL PLANETA TIERRA
KENNETH C. DAVIS

144 páginas
Formato: 15,2 x 23 cm
Libros singulares